与最聪明的人共同进化

潜层 CHEERS

HERE COMES EVERYBODY

MONKEYLUV

[美]罗伯特·萨波斯基
Robert M. Sapolsky 著

尹烨
夏志 译

动物本能

浙江教育出版社·杭州

Robert M. Sapolsky

罗伯特·萨波斯基

神经生物学家与灵长类动物学家
斯坦福大学生物学教授、神经病学与神经科学教授
肯尼亚国家博物馆灵长类动物研究所研究员

■ **全球最受欢迎的神经生物学家与灵长类动物学家之一**
■ **斯坦福大学生物学教授、神经病学与神经科学教授**

1957 年，萨波斯基出生于纽约布鲁克林。他从小就对阅读与大猩猩非常感兴趣，并自学非洲语言斯瓦西里语。12 岁时，他开始给灵长类动物学家写粉丝信。

1978 年，萨波斯基以优异的成绩获得哈佛大学生物人类学学士学位。毕业之后，他前往非洲肯尼亚，开始近距离研究野外狒狒的社会行为，并亲眼见证了乌干达与坦桑尼亚的战争。他说："我才 21 岁，我要冒险，我的行为就像一个青春期晚期的雄性灵长类动物。"

结束非洲的探险之后，萨波斯基回到美国，进入世界顶尖的生物医学教育研究中心洛克菲勒大学学习，在这里获得了神经内分泌学博士学位，并在内分泌学家、神经科学家布鲁斯·麦克尤恩（Bruce McEwen）的实验室工作。

现在，萨波斯基在斯坦福大学担任生物学教授、神经病学与神经科学教授。作为一名神经内分泌学家，萨波斯基的研究重点是压力和神经元退化问题，以及保护易感神经元免受疾病影响的基因治疗策略的可能性。

■ **肯尼亚国家博物馆灵长类动物研究所研究员**
■ **麦克阿瑟天才奖获得者**

每年，萨波斯基都要花时间在肯尼亚研究一群野生狒狒。从 20 世纪 70 年代末到 90 年代初，他每年大概花 4 个月的时间，每天花 8 到 10 个小时来记录这些灵长类动物的行为。萨波斯基想要确定狒狒生活环境中的压力来源，以及这些动物的性格和所受压力与相关疾病

Robert M. Sapolsky

模式之间的关系，并通过研究雄性领袖和雌性领袖以及下属的皮质醇水平，确定它们的压力水平。他选择与狒狒待在一起，因为它们是研究人类压力来源和与压力有关的疾病的完美选择。几十年来，萨波斯基一边在野外研究狒狒，一边在实验室里进行高科技的神经科学研究。

萨波斯基在灵长类动物学和神经科学方面，尤其是在人类行为方面，研究成果突出。2017 年，他出版了重要的著作《行为》（*Behave*），该书对人类行为进行了前所未有的完整分析。

萨波斯基因为出色的工作获得了许多荣誉和奖励。1987 年，年仅 30 岁的萨波斯基获得了享有盛名的麦克阿瑟天才奖。之后，他又获得了斯隆奖、神经科学领域的柯林根斯坦奖，以及美国国家科学基金会青年研究员奖等众多奖项。2007 年，萨波斯基获得了美国科学促进会麦戈文行为科学奖；2008 年，获得了卡尔·萨根奖；2013 年，获得了美国心理学会心理学杰出科学贡献奖。

■▶"我们这个时代最优秀的科学作家之一"

萨波斯基极具讲故事的天赋。他多年在非洲野外的工作经历提升了他的写作技能。他在非洲野外观察狒狒的时候，通常是比较孤独的，也没有无线电可以联系朋友。这个时候，写信是一个不错的选择。"你只能给每一个你认识的人写信，并希望他们能给你回信。"萨波斯基这样说。他经常会写很多信，向不同的人说同样的事情。

回到美国后，萨波斯基很喜欢在往返旧金山和斯坦福的火车上用笔记本电脑写作，这让他每天都能写上两个小时，他发现这样的写作"令人惊讶地上瘾"。

他的文章经常发表在《纽约客》《纽约时报》《连线》等刊物上。

他对待写作非常认真，将写作视为一种乐趣。

萨波斯基已经出版了《斑马为什么不得胃溃疡》(*Why Zebras Don't Get Ulcers*)、《行为》等多部作品，曾获得洛克菲勒大学刘易斯·托马斯科学写作奖、《洛杉矶时报》图书奖等多个与写作相关的奖项。

"医学桂冠诗人"奥利弗·萨克斯将其称为"我们这个时代最优秀的科学作家之一"。

测一测

你了解生物学与生物行为吗？

扫码鉴别正版图书
获取您的专属福利

- 做梦通常发生在睡眠的哪个阶段？（　）
  A. 慢波睡眠阶段
  B. 快速眼动睡眠阶段

- 与现代哺乳动物相比，人类的大脑有独有的特征吗？（　）
  A. 有
  B. 无

扫码获取全部测试题及
答案，测一测你对生物
学与生物行为的了解

- 群居昆虫物种的合作性和利他程度非常高，多数个体甚至会放弃自身繁殖的机会来帮助其他个体繁殖。这是真的吗？（　）
  A. 真
  B. 假

扫描左侧二维码查看本书更多测试题

万物有灵

尹 烨

华大集团 CEO

从生物性上讲，人首先是一种动物，少不了时时受到基因本能，即"兽性"的束缚。

而人类之所以慢慢脱离了"兽性"，建立了文明，恰恰在于我们学会了思考——无论是狂妄自大还是认真反思。

本书带给我的第一个印象，就是作者"离经叛道"的遣词用句。本书英文书名 MonkeyLuv，直译过来就是"猴子之爱"（书中的第 15 章）。当然他书中出现最多的猴子是狒狒，而"Luv"则是"Love"的流行简写。这种不走平常路的行文风格，让我和夏志在翻译这个作品的时候，经常会为一个词琢磨半天，也会为一句突如其来的无论是关于典故还是关于物种的"天外飞仙"而感到莫名其妙。

本书带给我的第二个印象，就是作者才华横溢。从全书 18 章的选题、内容和分析角度来看，不得不承认作者是通才。作者不仅是一名杰出的脑科学研究者，而且对包括基因组学在内的生命科学多个领域都有涉猎。作者贯穿始终的对人类自嘲的开放性思维，为书中的案例剖析增色不少。

正如我们会用大猫（Big Cat）来描述虎豹狮等野兽，作者在书中说的最多的猴子是狒狒，这同样是我最喜欢的灵长类动物，我的博士论文就是关于狒狒和山魈的基因组研究。当《猴子之爱》这一章中提到母狒狒在成功挑逗公狒狒打斗之际，会去偷偷"安慰"曾经暗恋她、多次为她梳毛的"暖男"——那些因地位较低没有太多交配机会的公狒狒时，这个场景让我忽然感觉被治愈。

万物有灵，大抵如此。

第 3 部分　社会与我们是谁

第 1 部分

基因与我们是谁

Monkey-luv

如果汽车抛锚了，你大概率不会向一个擅于在引擎上做驱魔仪式的"高人"求助。大家都知道最佳解决之道是找一位行家里手把引擎拆开，找出问题所在，看看是该进行维修还是更换，然后再把整个引擎装回去。

如果发生了暴力犯罪事件，且凶手身份至今不明，为追本溯源，人们应该不会选择将嫌疑人置于火刑柱上烧，通过观察其是否会被烤焦来做出判断。大家都知道最佳解决之道是将谜案掰开了揉碎了，先找到目睹了过程 A 到过程 C 的证人，再找到目睹了过程 C 到过程 E 的证人，抽丝剥茧，最终厘清整个案件的来龙去脉。

如果身体垮了，你应该不会认为这是因为你欠着已故表姐的钱，需要诚心宰牛祭拜来告慰她吧。我们也都知道此时应该找个专业医生来剖析病情，找出症结所在，搞清楚症状是由病毒还是由细菌引起的，然后对症下药。

我们称这种"化整为零、各个击破"的思想为还原论，也就是将复杂系统拆解开来进行理解。几个世纪以来，还原论思维一直在西方科学界盛行，帮助西方从中世纪的泥潭中走了出来。

还原论可谓功德无量。在乔纳斯·索尔克（Jonas Salk）时代早期，还是个孩子的我有幸接触过还原论的杰作，即索尔克疫苗〔也可能是阿尔伯特·沙宾（Albert Sabin）研制的，在此就不展开论述了〕。有了这个疫苗之后，人们不再通过祈福仪式，以及使用一些花里胡哨的神器和山羊内脏来驱走脊髓灰质炎恶灵。医学还原论给我们带来了疫苗（抑制病毒精确复制的生物制剂），帮助我们精准地找出各种疾病的症结所在。在还原论的作用下，人们的预期寿命在过去一百年里显著延长。

如果你想从生物学角度弄明白我们是谁，理解人类的正常行为和反常行为，还原论会给你一个十分明晰的策略。首先要弄明白组成社会的个体，接下来是构成这些个体的器官，然后是形成这些器官的细胞，一直拆分下去，直至最基础、最根本的——指导这些细胞活动的基因。还原论一时间让大家都为之欢呼雀跃，由此还催生了生命科学史上迄今最昂贵也是最有意义的研究项目——人类基因组计划。

如此看来，基因似乎是生物学（涵盖行为生物学）还原论中不可或缺的基本组成要素。对于大多数人来说，"行为往往是由基因决定的"。这种"基因决定论"到底意味着什么呢？

- 意味着行为是与生俱来的、出于本能的。
- 意味着无论你做什么，该发生的都会发生。
- 意味着如果你身居高位就不该费尽心思试图阻止某种行为，

因为这是必然会发生的。

- 意味着（特别是在你不熟悉演化论的情况下）行为在某种程度上是具有适应性的，某些理由能解释为何行为实际上中看又中用，因为其代表了大自然的某种智慧，进而将"行为是由基因决定的"进一步强化为"行为必然是由基因决定的"。

本书的第 1 部分探讨了基因与行为的关系，以及我们是谁。你可能已经察觉我接下来要写什么了，那就是揭开上述观点的假象，告诉读者从生物学角度来看，基因对我们的影响其实并没有那么大。

该如何解释谁才能入围《人物》杂志特刊选出的"全球最美 50 人"呢？这可是困扰着我们的一项颇为重大的议题。《先天还是后天》这篇文章是 2000 年发表在《发现》上的，探讨了基因在评选中的作用。但是，关于这项议题的高质量研究实在少得可怜。如果该文能激起任何一位年轻科学家的兴趣，立志解决这个棘手的问题，我就认为本书的使命已然达成。

《没有意义的基因》这篇文章是 1997 年发表在《发现》上的，介绍了基因的实际作用。正如文中所述，如果不了解环境是如何调节这些基因的，就无法了解基因的功能。《被炒作的基因》则换了个主题，这篇文章于 2000 年发表在《科学》上。文中认为，生物学中最重要的一个观念是，我们永远无法真正搞清楚特定基因或特定环境的影响，而只能对特定基因和特定环境是如何相互作用的进行研究。"基因与环境"的相互作用非常重要，如果不使用这个说法，好像就无法与生物学家交谈，就像无处不在的基本概念那样，在各种环境中全都被忽略了。我在这篇文章中尝试反驳这一点，并回顾了一项表明环境中极其细微的差异可以完全改变基因对行为的影响的研究。《基因与环境的良性互作》于 2004 年发表于《博物学》，它关注的是胎儿和产后早期的基因与环境的相互作用，以及它们是如何影响包括人类在内的动物成年后的行为的。

上述几篇文章的内容以驳斥基因的决定性作用为主，《两性的基因战争》则分析了基因对大脑、身体和行为的发展产生的重大影响，这篇文章于 1999 年发表在《发现》上。这篇文章的主旨是，某些基因可谓是人们迄今为止发现的最奇怪的基因，它们违背了遗传学所秉持的各种信条。更奇怪的是，一旦人们认识到在整个演化过程中，包括人类中的女性和男性在内的雌雄之间一直在上演着基因战争，一切又峰回路转，似乎变得合乎情理了。差点忘了说：新婚之夜，勿读此文。

《基因或许并没有那么重要》是 2007 年发表在《博物学》上的，这篇文章的重点又回归到了两性关系上。在雌雄交配完成后就各奔东西的那些物种中，雌性从雄性那里得到的不过是精子中的基因。我在文中列举了在诸多此类物种中，雄性是如何演化出种种可以向雌性宣扬自己拥有优质基因，是交配的不二之选的方式的。雌性则演化出了"火眼金睛"，能够甄别雄性的"信口开河"是否属实。在这些虚虚实实的两性之战中，基因或许并没有人们想象的那么重要。

第1章 先天还是后天

/

作为一名有大量重要研究要做的科学家，我真的很忙。没日没夜地泡在实验室里做实验，全身心搞研究，哪有什么时间看那些八卦杂志。尽管如此，我还是放下了手头的一切工作，仔细研读了1999年5月10日那期《人物》杂志。这是一份主题为"全球最美50人"的双周特刊，的确惊艳。除了全彩装帧和实用的美容秘籍，《人物》的编辑们还探究了我们这个时代最核心、最紧迫的一个问题："先天还是后天？"他们在开篇便写道："到底是什么使你登上了这期特刊？""关于美的争论无休无止。"最重要的是，杂志还刊登了入选人物或其亲友团（另一半、母亲、造型师等）的访谈，从中我们可以看到他们对这50人所呈现出的状态是基因还是环境的产物的一些看法。

答案五花八门，不过这也没什么奇怪的，因为这50人既包括了当时才18岁的歌手布兰妮·斯皮尔斯（Britney Spears），也包括已不再年轻的大叔汤姆·布罗考（Tom Brokaw）。然而，令记者震惊的是（应该说令这位记者失望的是），在先天或后天的问题上，这50人及其核心社交圈里不乏一些激进的理论家。

先来看看极端的环境决定论者，他们反对"一切事物从诞生起就已注定"的观念，支持"在适当的环境干预下任何事物都有无限可塑性"的观点。看看近几年在银幕上崭露头角的本·阿弗莱克（Ben Affleck），他谈论过健身和戴牙套对自己的影响。据说，阿弗莱克的一位顾问在刚看到整完牙后的他时不禁惊叹道："天哪，简直就是个电影明星！"阿弗莱克先生显然是行为主义心理学创始人约翰·华生（John Watson）的门徒，华生最有名的行为主义/环境决定主义信条是："给我一个孩子，让我全权掌控其成长环境，我会把他打造成人们想要的任何模样。"目前尚不清楚华生先生的环境决定主义是否包括通过整牙入选"全球最美 50 人"，但是年轻的阿弗莱克仿佛已然继承了这一衣钵。也难怪阿弗莱克与显然属于基因决定论派的格温妮丝·帕特洛（Gwyneth Paltrow）之间那段闹得沸沸扬扬的恋情会如此短暂。

詹娜·艾芙曼（Jenna Elfman）显然是一位成功的美国电视明星，她也发表了一个颇具环境决定论色彩的观点。她将自己的美貌归因于每天喝 100 盎司①的水，并遵循一本根据血型来安排膳食的书里的做法，同时坚持使用一种每磅②1 000 美元的润肤霜。然而，即便是人类发育生物学和解剖学领域的新手也能很快意识到，涂抹再多的润肤霜也无法使美国喜剧演员沃尔特·马修（Walter Matthau）或者鄙人自己，跻身"全球最美 50 人"之列。

在"全球最美 50 人"之列的还有杰奎琳·史密斯（Jaclyn Smith）。

---

① 盎司，英美制重量单位，1 盎司等于 1/16 磅，合 28.3495 克，约 30 毫升。——译者注
② 1 磅约为 0.5 千克。——编者注

虽然她已不再年轻，但依旧令《人物》杂志折服，称她仍是《霹雳娇娃》里的那个大美人儿，并将其美貌归因于良好的习惯：不抽烟，不喝酒，没有药物依赖。这一说法看似合理，但很快就有人指出将美貌归因于严于律己不过是以偏概全罢了，毕竟同样崇尚清心寡欲的阿米什人却无人上榜。史密斯女士的一位密友反驳道，其美貌永驻实际上得益于她那"幽默、诚实和谦逊"的性格。那么，这到底算是先天还是后天或是其他？我被搞糊涂了。

这些人中，立场最为极端的或许还应数女演员桑德拉·布洛克（Sandra Bullock），她认为自己的美貌就是一个"障眼法"。我们只需要查看她的作品，如她在《生死时速》中第一次驾驶公共汽车的场景，就能发现其所有作品中的这种激进主义倾向。

当然，基因决定论者这样的对立派，也有同样极端的见解。其中最招摇的或许是演员乔什·布洛林（Josh Brolin），他说："我遗传了父亲的好基因。"这样的言论对于中间派来说看似颇具煽动性，但也可被视为基因决定论派的宣言。前面所提到的帕特洛，其祖父也持类似的观点："她自打生下来就貌美如花。"环境决定论者可能会对此进行反驳，他们也许会说："年轻的布洛林和帕特洛啊，遗传也许会决定命运，可万一你们遇到了佝偻病或牛痘这种由环境所左右的事儿，那登得上什么杂志呢？"

先天决定论的大意是，基因铸就一切，不受环境左右，这在电视节目主持人梅雷迪思·维埃拉（Meredith Vieira）身上体现得淋漓尽致。人们早就知道她遭受了不少的难堪：妆容惨不忍睹，冲动之下漂染的头发不忍直视。然而，这没什么大不了的；多亏了她那"非同寻常的基因"，虽磨难重重，但她依旧美丽。读到这里，我不由得为这种冒失的分析惊掉了下巴。

最后，让我们来看看摩纳哥王室成员、格蕾丝·凯利（Grace Kelly）的外孙安德烈·卡西拉奇（Andrea Casiraghi）。在惊羡于其诱人的肤色和立体感十足的颧骨之余，"天生丽质"这个词便在脑海中浮现了出来。的确，天生丽质。天哪，会不会过不了多久卡西拉奇的粉丝就会推动劣迹斑斑的优生学计划呢？

人们翻来覆去地找寻中立观点，希望可以找到能同时意识到先天作用和后天作用的跨学科综合论者。功夫不负有心人：17 岁的女演员杰茜卡·比尔（Jessica Biel）皮肤好到人人夸，而她本人将这归因于其所具有的乔克托人血统，以及定期使用某品牌的润肤油进行面部护理。

最后，我们找到了那个天选之人，其融合了关于先天还是后天这个难题最现代、最复杂以及最完整的见解，即基因与环境之间存在着相互作用的观点。让我们来看看这位名叫莫妮卡的歌手（尽管杂志里并未提及她究竟姓什么），她不仅是"全球最美 50 人"之一，且显然也是个重要人物，因为她发行过一张名声大噪的专辑《男孩是我的》（*The Boy is Mine*）。但介绍她的文章的作者并不熟悉此专辑，他对流行文化的了解到詹妮斯·乔普林（Janis Joplin）[①] 时期就断了。文章一开始就讲述了莫妮卡高超的化妆手法，这是她争得"全球最美 50

---

① 詹妮斯·乔普林是美国著名歌手，被誉为"蓝调天后"，但年仅 27 岁便英年早逝。——编者注

人"头衔的重要原因。乍一看，这貌似更像是在鼓吹环境决定论。但随后有人询问她这种化妆天赋是从哪里得来的，对此，她的母亲给出了答案："对莫妮卡来说，这是与生俱来的。"

这种鞭辟入里的智慧令人叹为观止：基因影响着人与环境之间相互作用的方式。只可惜，在弄清楚基因与智力、药物滥用或暴力之间的关系时，能如此思考的人寥寥无几。

注释和延伸阅读 ——————————————

在每章的结尾部分，我都会列出相关的最新研究进展和参考内容，以及延伸阅读材料。

这篇文章自然已经过时了，就像《人物》杂志上的所有此类调查报道那样。自此以后，"全球最美 50 人"的命运便发生了变化。我注意到，艾芙曼女士似乎出演了很多烂片。与此同时，阿弗莱克先生作为世界上最炙手可热的明星情侣中的一员，他想方设法利用了至少两个可以成名的15 分钟 [1]。人们甚至为阿弗莱克和帕特洛这对情侣创造了一个新词，可见其瞩目程度。令人遗憾的是，2004 年 6 月 10日那天到处都充斥着詹妮弗·洛佩兹（Jennifer Lopez）在本周前已与他人结婚的新闻，这说明阿弗莱克似乎已经过气

———————————————

[1] "15 分钟成名"，源自通俗（波普）艺术大师安迪·沃霍尔（Andy Warhol）的名言"未来每个人都能在 15 分钟内成名"，常被用来解释娱乐产业和流行文化中的现象。——译者注

了^①。就在几年前，布兰妮还被认定为"歌手"，且可以说已是家喻户晓了；然而，在她的职业生涯中，多数时候都需要其私人助理专门说服她以联合国特使的身份前往苏丹难民营进行慰问来提升形象，而她也成了脑科学中用以证明大脑前额叶皮质直到 30 岁左右才完全"着调"的鲜活案例。至于其他"全球最美 50 人"有何轶闻，我一无所知。

与这篇文章有关的最佳科学读物，请参阅马特·里德利（Matt Ridley）的《先天后天：基因、经验及什么使我们成为人》(*Nature via Nurture: Genes, Experience, and What Makes Us Human*) 一书。

---

① 阿弗莱克与洛佩兹曾是情侣，于 2004 年初分手。——编者注

第 2 章　没有意义的基因

/

还记得诞生于 1996 年的那只名叫多莉的羊吗？它是首个由成体细胞克隆而来的哺乳动物。它很可爱，它的诞生可以说是振奋人心的。美国白宫曾多次为其举行隆重且热忱的庆祝活动，百老汇也为它举行了盛大的欢迎仪式。它甚至博得了一贯以强硬形象示人的纽约人的支持。它还登上了无处不在的 Guess^① 广告牌〔jean（牛仔裤）与 gene（基因）谐音——明白了吧？不得不说，那些广告人可真有才〕，甚至在慈善活动上和《老友记》的演员们一起在迪士尼乐园做了轮滑表演。在媒体云集的场合中，它表现得沉着冷静、有耐心且平和，无不彰显着作为明星和榜样的风范。

树欲静而风不止，尽管多莉魅力无限，但对多莉的批评从未停歇。在它首次亮相后不久，许多评论家便称之为异类，说它是对生育这一神圣生物奇迹的冒犯，克隆在人类身上是绝对禁止的。

大家为何会有如此反应？我想到了一些可能的原因：第一，小

---

① Guess，服饰品牌，成立于 1981 年，是从制作牛仔服饰起家的。——译者注

羊多莉会让人们联想到多莉·帕顿（Dolly Parton）①，令人不解且不安。第二，造就多莉的克隆技术可以扩展到人类身上，可能会被某些人利用而进行大量克隆。这样的话，我们可能需要面对一群到处乱跑的有着完全相同的肝功能的克隆人。第三，凭借这项技术，我们最终可能得以拥有一群有着相同大脑的克隆生物体。

当然，后两种可能性实在过于惊人。而基于多莉来研究疾病，毫无疑问跟第三种情况有关。克隆体有着相同的大脑和相同的神经元，且有相同的基因操控着这些相同的神经元，因而克隆体之间有一种多体意识，是一个"心智融合体"，仿佛一大群具有相同灵魂的复制品。

不过，自科学家们发现同卵双胞胎以来，人们就知道事实并非如此。同卵双胞胎的个体构成了遗传克隆，与小羊多莉一样，原始细胞是从其母亲（多莉的母亲是谁？为何在媒体上难寻其踪？）那里获得的。在诸多让人心头为之一紧的故事里，自出生便天各一方的同卵双胞胎，尽管有着各种共同特征，如上厕所前先冲厕所，但他们之间并无心智融合，行为也不尽相同。例如，若同卵双胞胎中的一人患有精神分裂症，那么具有相同精神分裂症基因的兄弟姐妹患上这种疾病的概率只有约50%。美国国家心理健康研究所的丹·温伯格（Dan Weinberger）的一项实验也有类似的发现。当让一对同卵双胞胎去解决一个难题时，他们给出的答案可能会比两个互不相识的人给出的答案更相似。在解决难题的过程中，研究人员把他们与能将大脑不同区

---

① 多莉·帕顿是美国歌手、词曲作者、作家、多种乐器演奏家和慈善家，她以创作和演唱乡村音乐而闻名，是有史以来最受尊敬的女乡村歌手。小羊多莉就是以她的名字命名的。——译者注

域代谢需求可视化的大脑成像仪器相连接，不难发现，尽管同卵双胞胎给出的解决方案相同，但两者的激活模式可能有着极大的不同。如果我们能获取一些已死亡的同卵双胞胎的大脑切片，用各种显微镜对其进行检查，并测量其特定区域的神经元数量和从这些神经元引出的分支突触的复杂性，以及这些神经元之间的连接数，就会发现这些要素均不相同。看来，即使基因趋同，大脑也会迥异。

细心的社论撰写者指出了多莉的这一特点。此外，由多莉引发的一系列关于克隆的问题主要集中在移植相容性组织可以孕育出生命的可能性上，这令人感到不安。尽管如此，关于相同基因会产生相同大脑的事情还是牵动着很多人的心。其他关于基因或行为的故事也屡屡见诸报端。在多莉问世之前不久，斯坦福大学的一个研究小组发表了一份报告，报告中提到了一个名为"fru"的基因，该基因决定着雄性果蝇的性行为。雄性果蝇的求爱、开场、前戏及吸引谁的行为也均由这个基因决定。这个基因一旦发生突变，甚至会改变果蝇的性取向。果蝇一直以来都是科学家们的重点研究对象，因此这根本就算不上是什么新鲜事。似乎所有文章都在追问："我们人类的性行为也是由单个基因决定的吗？"稍早时候，人们关注的是寻找与焦虑相关的基因，而在此之前，人们关注的焦点则是与冒险行为相关的基因；更早之前，家族中和突变与暴力反社会行为有关的另一个基因也曾激起千层浪……

为何基因会如此惹人注意呢？对很多人而言，基因和包含基因的DNA 可谓是生物学的"圣杯"，即代码的编码（这几个短语常被用于遗传学的非公开讨论）。人们对基因的崇拜基于两个假设。第一个假设与基因调控的自主性有关。这是一种生物信息由基因开始，向外和向上流动的概念。DNA 是阿尔法 ①、始作俑者、指挥官，以及生物起源的中心。没有人告诉基因该做什么，其实常常是基因在告诉人们该做什么。第二个假设是，当基因发出指令时，生物系统会听从这些指令。从这个角度来看，基因指导着细胞的结构和功能。当这些细胞是神经元时，这些功能则包括思想、感觉和行为。因此，我们最终确定了基因这一生物因素，是它令思维运转，驱使我们行动。

这一观点是由一位名叫路易斯·梅南迪（Louis Menand）的文学教授在其发表于《纽约客》上的一篇文章中提出的。当"一个小基因正发出咬指甲的信号"时（关于基因自主性的第一个假设，每当人们脑海中冒出某个想法时，就会发出这种信号），梅南迪先生对诸如此类的焦虑基因进行了反思。他思考了其对我们的解释系统的影响。我们如何将行为的社会学、经济学、心理学解释与这些铁一般牢固的基因相协调呢？而第二个假设，即"行为是由遗传基因决定"的观点，认为基因是不可抗拒的指挥官，"与行为是由一个人观看的电影类型决定的观点相悖"。解决方案是什么呢？"这就像希腊众神和印加众神共踞同一个万神殿，总得有一方要离开。"

换言之，如果你认为基因促使并决定着我们的行为，那么这些现代科学发现与会产生影响的环境是完全不相容的，因而假设并不成立。

现在，我不太确定行为生物学老师们在梅南迪先生所在的英语系讲授着什么样的遗传学，但几十年来，大多数行为生物学家一直试图不去讲授那些明显有瑕疵的假设。这种尝试显然成果有限，因此是时

---

① α，第一个希腊字母。——编者注

候换个方向了。

好吧，你先天便拥有神经元、大脑化学物质、激素，当然更基本的还有基因，然后才是后天因素，所有这些都饱受环境的侵扰。而在这个领域中，最老生常谈的便是讨论先天或后天只是徒劳，只需讨论它们之间的相互作用即可。不知何故，这件明眼人都知道的事却没能很好地得到落实，反而每当一个新基因被提出并被暗示其"指向"或"决定"着某种行为时，人们便趋之若鹜，而环境影响必然会被视为无关紧要的因素，遭到人们的摒弃。很快，可怜又可爱的小羊多莉便成了我们个体自主性的威胁，人们会认为正是基因左右着你会与谁相爱，以及你是否会为此感到焦虑。

让我们通过研究这两个假设以尝试推翻神经生物学和行为由基因决定的观念。我们可以从第二个假设开始，即基因等同于必然性，它能产生驱动细胞（包括我们大脑中的那些细胞）工作的指令。基因到底起什么作用？基因是一段 DNA，不会产生行为或情绪，哪怕是一闪而过的念头，但它会产生一种蛋白质，这种特定类型的蛋白质由构成基因的特定 DNA 序列编码。其中一些蛋白质肯定与行为、感觉和思想有很大关系。蛋白质包括一些激素和神经递质（神经元之间的化学信使）、接收激素和神经递质信息的受体、合成和降解这些信使的酶、由这些激素触发的许多细胞内信使等。这些物质对于大脑的正常运转都是至关重要的。但更关键的是，激素和神经递质等物质直接导致行为发生的情况极为罕见。相反，它们倾向于以某种方式对环境做出反应。

这很关键。让我们来谈谈焦虑。一般情况下，当生物体面临某种威胁时通常会变得警惕，会通过搜索来获取有关威胁性质的信息，努力寻找有效的应对措施。一旦有了安全信号，如躲避开了狮子，或交警接受了你的解释不开罚单了，生物体便会长舒一口气。但在焦虑者身上并非如此。相反，当应对过程中出现骤变时，如在没有核查是否完全可靠的情况下，突然从一种状态切换到另一种状态，焦虑者会急于面面俱到并出现一系列反应，或者，会因无法觉察到安全信号而持续保持警觉。显然，抛开环境对个人的影响来谈焦虑是毫无意义的。原则上来讲，大脑中的化学物质以及与焦虑相关的基因并不会让你感到焦虑，它们只会令你对会引发焦虑的情境更为敏感，更难察觉到环境中的安全信号。

相同的情况在人类行为的其他领域同样存在。令人兴奋的（由蛋白质组成的）受体似乎与猎奇行为有关，但实际上它并不会让人产生猎奇的冲动。与没有受体变异的人相比，它会使你在面对新环境时表现得更加兴奋。而那些（受基因影响的）与抑郁症相关的神经化学异常不会使你感到抑郁，它们只会使你更易受到环境性压力源的影响，从而导致你在没有压力的情况下感到孤立无助（我将在后面的文章中对这一点进行详细讨论）。说来道去，其实都是换汤不换药的事儿。

有人可能会反驳道，我们均处于会引发焦虑的情境之下，都暴露在让人抑郁的世界之中。如果我们的生活环境全都一样，而只有在基因方面易患抑郁症的人才会抑郁，那么这便是对基因决定论的有力支持。在这种情况下，"基因不会使人抑郁，只会使你对环境更加敏感"的观点就变得空洞无力了。

然而，这个问题具有两面性。首先，并不是所有具有抑郁症相关遗传基因的人都会患抑郁症（只有 50% 左右会患抑郁症，这与患遗传性精神分裂症的概率何其相似），也不是每个患有重度抑郁症的人都具有相关遗传基因。遗传状况本身的可预测性并不高。

其次，我们共享同样的环境这一观点，只不过是浮于表面的认知而已。例如，在全球范围内与抑郁症相关的基因表达频率或许大致相当。然而，老年抑郁症在发达国家的社会中很常见，而在发展中国家的传统社会中比较少见。为何会这样？显然不同的社会有着不同的环境。在有的环境中，年老可能意味着会成为位高权重的长辈，而在另一些环境中，老年人可能代表的是会被肆意欺辱的弱者。环境差异或许更为微妙。童年时所承受的由失控和不可预知带来的心理压力，被认为是成人抑郁症的易感因素。以两个有着相似的童年阴影的儿童为例。他们都遇到过"外面发生的是自己无法掌控的坏事"的情况，或许都经历过父母离婚、祖父母故去、含泪把宠物埋在后院、一再被恶霸欺凌得落荒而逃等不幸，但他们经历这些事的时间模式可能不太一样，在 1 年内而非 6 年内经历所有这些压力的孩子更有可能出现认知扭曲。"有一些烦心事是我无法掌控的，事实上我无法掌控任何事"，这种想法会让人陷入抑郁。神经系统中由基因编码的生物因素通常不会决定行为。相反，它们会影响人们对环境做出反应的方式，而这些环境影响可能极其微妙。遗传具有弱点、倾向、诱因、偏向……但必然的遗传很少见。

行为遗传学的第一个假设是，基因作为指令的自主发起者具有自主意识。认识到这一假设的问题所在也很重要。要想了解这种谬误，先要了解有关基因结构的两个惊人的事实，因为这两个事实彻底推翻了这一假设，并将环境的重要性展现在了世人眼前。

染色体是由一条很长的 DNA 字符串组成的，这是一长串编码遗传信息的字母序列。人们过去认为 DNA 信息的头 110 个字母包含基因 1。该基因的尾段是一个特殊的字母序列，接下来是另外的 110 个字母，其中一半编码着基因 2，以此形式，上万个基因被串联了起来。在胰腺中，基因 1 可能是专门制造胰岛素的，而在眼睛中，基因 2 或许是专门制造为眼睛着色的色素蛋白质的，但活跃于神经元中的基因 3，则可能会使人具有攻击性，是的，它或许会让人对周遭的挑衅行为更为敏感。不同的人拥有不同版本的基因 1、基因 2 和基因 3，有些版本比其他版本更有效，更具演化适应性。还有一个特征是会有一大堆生化物质来完成这种枯燥的工作——转录基因，读取 DNA 序列，并遵照指示构建合适的蛋白质。学生们要想搞清楚转录过程中的琐碎细节，至少需要一年的时间，不过，其实知道个大概就足矣。

然而在现实情况中，基因并非以相互连接的形式呈现，且所有的 DNA 也并非都完全用于编码不同的蛋白质，而是有大段 DNA 并没有被转录。有时，这些 DNA 片段甚至会将一个基因分成几段。那么，非转录 DNA 和非编码 DNA 的作用是什么？有些似乎毫无用处的"垃圾 DNA"是一长串重复且杂乱的无意义序列。但其中也有一些非编码 DNA 确实发挥着非常有趣的作用，它们是关于基因如何被激活以及何时被激活的"使用说明书"。人们赋予了这些 DNA 片段很多名称，如调控元件、启动子、阻遏子、应答元件。不同的生化信使物质与这些调控元件相结合，从而可以即刻改变基因"下游"（紧随其后的 DNA 链）的活性。

抛开作为自主信息源且有自主意识的基因，还存在其他的控制何时及如何发挥作用的基因。那究竟是什么调控着这种遗传活动？其实，很多时候是环境。

先举一个关于环境如何调控遗传活动的例子。假设出现了令一些灵长类动物背负压力的事件，如由于干旱，可吃的东西不多，这些动物必须每天跋涉数里去觅食。在这种情况下，这些动物的肾上腺会分泌一种被称为糖皮质激素的压力激素。然后，糖皮质激素分子进入脂肪细胞，与糖皮质激素受体相结合。接着，这些激素－受体复合物会找到通往DNA的途径，并遵照指令与特定的DNA调节片段相结合。进而，下游的某个基因被激活，产生某种蛋白质，间接抑制脂肪细胞储存脂肪。这是非常合乎逻辑的，当灵长类动物饿着肚子在草原上觅食时，身体就会将能量转移到做功的肌肉上，而非脂肪细胞上。

这构成了一种巧妙的适应性机制，通过这种机制，环境触发了改变新陈代谢的遗传反应。实际上，这些调控元素使得环境调节方面的"如果……那么……"句式的引入成为可能：如果动物所处的环境恶劣并且正在努力觅食，那么它们就会动用基因将能量转移到所使用的肌肉上。如果一位难民因内乱而流浪到离家数里的地方却依旧食不果腹，那么他的体内也会发生同样的过程。也就是说，某个人的行为及其所创造出的环境，可以改变他人的基因活动模式。

让我们再举一个更恰当的例子，以说明环境因素是如何控制DNA的调控元件的。假设基因4037（此基因是真实存在的）在正常情况下具有转录活性，可生成由其编码的蛋白质。然而，DNA序列中的基因4037前方有一个调控元件，通常情况下存在着一个特定的可与该调控元件相结合来抑制基因4037的信使。这是真的。可如果这个抑制性信使恰好对温度非常敏感，会发生什么呢？事实上，如果细胞变热，这个抑制性信使就会碎裂、解旋，并从调控元件上脱落。在这种情况下会发生什么？基因 4037 得以从抑制性调控中解脱，瞬间变得活跃起来。也许它是一种在肾脏中发挥作用的基因，并编码与保水性相关的蛋白质。这里还有一个与热环境如何触发代谢适应从而避免脱水有关的例子。在这个例子中，我们假设基因 4037 编码一系列与性行为有关的蛋白质。在这种条件下会产生季节性交配。凛冬已去，天气开始暖和起来，在大脑、垂体或性腺的相关细胞中，诸如4037 这样的基因逐渐活跃起来。似乎是在刹那间万物复苏，纷纷投入新生命的孕育中。在一年中的适当时候，生物体就是用这些基因来增加交配的可能性的。实际上，在大多数季节性交配的动物中，交配的环境信号是每天的光照时长（如白天越来越长了），而非温度（如白天越来越暖了）。不过其中的原理其实是一样的。

最后，让我们来看看该原理的简明版。你体内的每个细胞中都有一个独特的蛋白质，标志着它只属于你，即生化指纹。这些"主要的组织相容性"蛋白很重要，这是免疫系统区分你的细胞和某些入侵细菌的法宝，也是移植具有非常不同特征的器官会产生排异反应的根源所在。如今，其中一些标志性蛋白质可以从细胞中分离出来，进入汗腺，最终渗进汗液，形成个体独特的气味特征。对于啮齿动物来说，这很重要。标志性蛋白质可在啮齿动物鼻子的嗅觉细胞中设计受体，以区分与自身相似的标志性气味蛋白和全新的气味蛋白。构建这种关系很容易——相似性越大，蛋白质与受体的结合就越紧密，就像插在锁上的钥匙那样。这从某种角度解释了啮齿动物为何能轻而易举地区分亲疏远近的气味。

现在，让你与 DNA 相接触，将这些嗅觉受体与细胞内的一连串信使结合起来，并与这些调控元件相结合。你会想要构建什么？要不这样：如果嗅觉受体与表明亲缘关系的某种气味剂相接触，就会触发级联反应，最终抑制与繁殖相关的基因活性。这是一种用以解释动物如何避免与近亲进行交配的机制。或者你可以构建一个不同的级联反应：如果一个嗅觉受体与一个表明亲缘关系的气味剂相结合，就会抑制调节睾酮合成的基因的活性。前面所述倒不失为一种解释途径，毕竟当一只陌生的雄性把洞穴弄得臭烘烘时，啮齿动物会变得暴躁，但若散发出的是亲弟弟的气味，它便不会如此咄咄逼人了。或者可以设计嗅觉受体以区分同性个体和异性个体的气味特征，而在此之前，这只是一种调节生殖生理的机制。如果你闻到异性的气味，就会启动级联反应，最终降低性腺中的相关基因的活性，有相当充分的证据表明该机制在人类和啮齿动物中均有效。

在这些案例中，你都能看到一种连工程师们都叹为观止的简洁逻辑。现在让我们来看两个关于基因调控的事实，它们极大地改变了人们对基因的看法。第一个事实是，根据现有的最佳估计，哺乳动物细胞中超过95%的DNA是非编码的。95%！当然，其中很多是垃圾DNA，然而你的每个基因都有一本使用说明书，而操纵者通常是环境。基于这样的百分比，当你考虑基因和行为时，就必须考虑环境是如何调节基因和行为的。

当谈到基因、演化和行为时，一个重要的问题便是个体之间的遗传变异。我的意思是，编码特定基因的DNA序列往往因人而异，这种差异通常会体现在行使不同功能时表现不同的蛋白质上。这是自然选择的精髓：究竟哪个才是某些（受遗传影响的）特征的最适版本？鉴于演化是发生在DNA水平上的，"适者生存"实际上意味着"拥有可以造就一系列最具适应性的蛋白质的 DNA 序列的个体的繁殖"。第二个令人吃惊的事实是，当你检查个体之间 DNA 序列的变异性时会发现，DNA 的非编码区比编码区要大得多。好吧，很多非编码变异可归因为能够随着时间的推移而随意进行遗传漂移的垃圾 DNA，因为它并没起太大作用。毕竟，无论是斯特拉迪瓦里琴[①]还是瓜奈里琴[②]，两种小提琴的外观必须看起来极其相似，而其包装材料可以像旧报纸、聚苯乙烯泡沫填充颗粒或泡沫包装纸那般迥然不同。不过，DNA 的调控区域似乎也存在着巨大的可变性。

这是什么意思？希望我们现在已经超越了"基因决定行为"，进入"基因调节着一个人对环境的反应方式"阶段。约 95% 的 DNA 是非编码的，这意味着"基因可以成为环境因素用以影响行为的便捷工具"之类的想法至少同样符合逻辑。关于非编码区变异性的第二个事实意味着，"演化主要是关于不同基因组合的自然选择"显然不如"演化主要是对不同遗传敏感性及环境影响的反应的自然选择"那般准确。

到目前为止，将遗传因素和环境因素彻底分开似乎是相当困难的，而实际上这也应该是很难的。当然，某些行为主要受基因控制。想想那些与小蟋蟀吉姆尼[③]一起跳进麻袋的突变果蝇吧。一些哺乳动

[①] 斯特拉迪瓦里琴，是指由意大利斯特拉迪瓦里家族，尤其是乐器制造师安东尼奥·斯特拉迪瓦里制作的弦乐器。斯特拉迪瓦里制作的弦乐器被认为是历史上最好的弦乐器之一，极具价值。——译者注
[②] 瓜奈里琴，是弦乐世界的三大顶级奢侈品之一。其余两大顶级奢侈品为斯特拉迪瓦里琴和阿玛蒂琴。三者均创始于 17 到 18 世纪的意大利克雷莫纳。——译者注
[③] 小蟋蟀吉姆尼，经典动漫《木偶奇遇记》中的角色。——译者注

物（甚至是人类）的行为，或许在很大程度上也受基因调控。讲一个特例吧。有两拨近缘种的田鼠，它们有的是一夫一妻制，有的是一夫多妻制，这一切都与大脑某部分中特定的性相关激素受体有关——一夫一妻制的雄性田鼠有这种受体，一夫多妻的田鼠则没有。在一项出色的研究中，科学家们在原是一夫多妻制，后变为一夫一妻制（目前尚不清楚只让雄性拥有一个配偶是否应该算作基因"疗法"）的雄性大脑中发现了这种受体。

在单个基因的确对行为产生了重大影响的那些案例中，所有人的行为方式几乎一致。这是很有必要的。如果你打算把基因传递下去，那么这些行为很可能会被编码为必须以几乎与其他人相同的方式来完成的行为，而这些行为对变异性没有太大的容忍度。例如，就像所有的小提琴必须以特别相似的方式构造那样，所有雄性灵长类动物若想成功繁殖，也必须以尤为相似的方式进行交配，这是由基因控制的。一旦涉及求爱、情感、创造力、精神疾病，或其他你能想到的，都是处于生物和环境因素相互作用下的情况，也就完全打破了基因决定论。

也许最好的结束方式是再举一个特别引人注目的例子，以说明具有相同基因的个体是如何做出截然不同的行为的。还记得1996年英国进行的大规模民意调查吗，那次民意调查的对象是否包括不列颠群岛上的每只羊？研究人员最近破解识别出了多莉及其母亲的问卷。同时，他们还得到了一个重磅消息：多莉的母亲投票给了保守党，将王太后 ① 列为它一直以来最喜爱的皇室成员，最担忧的是疯牛病（"这

① 此处特指英国女王伊丽莎白二世之母。——译者注

对羊来说究竟是好还是坏呢？"），喜欢吉尔伯特和沙利文①，并赞同这句话："行为？这都是天性使然。"至于多莉？它投票给了绿党，认为威廉王子是最可爱的，最担忧环境问题，对辣妹们言听计从，并赞同"行为？无论是先天还是后天，悉听尊便"这一论调。你看，行为不仅仅是由基因决定的。

注释和延伸阅读

不幸的是，多莉于 2003 年去世了，享年 7 岁，这个年龄对于一只羊来说还很年轻。它似乎患有某种早衰综合征——用吸人眼球的牙酸话术来说就是"远看一朵花，近看一脸麻"。这番早熟的原因尚不完全清楚，但可能与其 DNA 磨损过多有关。构成染色体的 DNA 末端被称为端粒。随着每一轮的细胞分裂，端粒会相应地变短一些，当低到某个长度阈值时，细胞分裂就会停止。多莉刚出生时很可能每个细胞中的端粒"时钟"便已调到了其母亲的那个年纪。由于多莉身患多种疾病，为避免其持续受折磨，它被实施了安乐死，而它的早逝对于克隆爱好者来说是一个警示。

许多基础教科书都认真讨论了基因组织及发挥作用的方式的共性特征。其中一本相关的经典著作是：Darnell J, Lodish H, and Baltimore D, *Molecular Cell Biology* (New York:

---

① 此处特指维多利亚时代幽默剧作家威廉·S. 吉尔伯特与英国作曲家阿瑟·沙利文的合作。两人从 1871 年到 1896 年共同创作了 14 部轻歌剧，其中最著名的有《皮纳福号军舰》（*H.M.S. Pinafore*）、《彭赞斯的海盗》（*The Pirates of Penzance*）和《日本天皇》（*The Mikado*）。——译者注

Scientific American Books, 1990)。

关于精神分裂症和重度抑郁症的遗传率为 50%，可参阅 Barondes S, *Mood Genes: Hunting for Origins of Mania and Depression*（New York: Oxford University Press, 1999）。

关于果蝇，可参阅: Baker B, Taylor B, and Hall J, "Are complex behaviors specified by dedicated regulatory genes? Reasoning from Drosophila," *Cell* 105 (2001): 13。

关于把一夫多妻制田鼠变为一夫一妻制，可参阅: Lim M, Wang Z, Olazabel D, Ren X, Terwilliger E, and Young I, "Enhanced partner preference in a promiscuous species by manipulating the expression of a single gene," *Nature* 429 (2004): 754。

关于行为遗传学的概述，可参阅: Plomin R, *Behavioral Genetics*, 3rd ed. (New York: W. H. Freeman, 1997)。

抛开环境因素，就无法理解基因功能。可参阅 Moore D, *The Dependent Gene: The Fallacy of "Nature VS. Nurture"* (New York: Owl Books, 1999); Ridley M, *Nature via Nurture* (New York: HarperCollins, 2003)。

第 3 章　被炒作的基因

/

又是一年春来时，我们迎来了新一季的潮流，基因话题再度风靡一时。由美国华裔生物学家钱卓（Joe Tsien）领导的普林斯顿大学科学家小组在《自然》杂志上发表了一份报告，该杂志是全世界最负盛名、最具影响力的两份综合性科学杂志之一①。科学家们运用分子生物学手段对实验室小鼠进行了改造，使其大脑中的某部分神经元多了一个特定的基因拷贝。这些神经元会产生大量由该基因编码的蛋白质，这种蛋白质是神经递质受体的前体，似乎在学习和记忆中起着至关重要的作用。值得注意的是，这些实验室小鼠在一系列记忆测试中的得分显著高于普通的实验室小鼠。这些实验室小鼠似乎是因为经过基因改造而变得异常聪明的。

这是一项了不起的科学研究：核心的课题、娴熟的技术、详尽的记录，三者兼具。科学家们还心血来潮地运用了一些花哨的营销策略，他们为这些经过改造的实验室小老鼠取名为"杜奇"（Doogie），这个名字源于多年前播出的美剧中的神童杜奇·豪瑟（Doogie Howser），他智力超常，14 岁就从医学院毕业了。

---

① 另一最具影响力的综合性科学杂志是由美国科学促进会出版的《科学》杂志。
——译者注

整件事在媒体上引起了很大的轰动。编辑们已经用尽了所有可能与克隆羊多莉有关的双关语，想方设法把"杜奇"纳入标题。专家们紧跟时事，纷纷发表文章来探讨家长是否应该让孩子赶在幼儿园入学考试之前便成为杜奇鼠。《时代周刊》至少在这方面表现出了一定程度的克制，它在标题《智商基因》(*The IQ Gene*)后面打了个问号，不过仍将其列为封面故事。

这么做很好，但我不是来这里继续谈论杜奇鼠的。其实我想多谈谈另一篇关于基因和行为的研究论文，该论文几乎是同一时期发表在了同样享有盛誉的《科学》杂志上。相比之下，这篇论文鲜少引起媒体的注意，而且仅有的那些关注似乎也走了样，那些评论压根就没有说到点子上。

当然，基因与行为关系密切。基因决定了你的智力和个性，某些基因特征甚至还会导致犯罪、酗酒和乱放车钥匙的习惯。读到此处，我希望读者明白这只是中世纪的基因决定论，现在已经过时了。基因不会导致某种行为的出现，基因只是会在某些情况下影响行为。

弄清楚这一点，我们就可以无视那些纷纷扰扰。基因影响行为，环境影响行为，基因和环境相互作用，这是我反复强调的。这就意味着基因对生物体的影响通常会随着环境的变化而变化，而环境的影响也会随着生物体基因组成的变化而变化。

我之所以这样说，通常是因为在相互作用的一方的影响力足够强的情况下，是可以压倒另一方的。例如，在智力方面，再好的环境也

无法弥补导致泰 - 萨克斯病（Tay-Sachs disease）^①的基因所带来的灾难性后果。反之，一些环境影响也可以压倒基因的作用。如果你在童年时期长期严重营养不良，即使拥有最优良的基因谱系，也不会给你带来多大好处。但在不那么极端的领域，基因和环境之间的相互作用关系很融洽，可以达到平衡状态。

研究基因与环境相互作用的最好方法就是保持相互作用的一方不变，系统地调节另一方，然后看看会发生什么。操控环境相对简单，如母亲不让你再和以前那些不三不四的朋友往来。然而基因的管控和选择性改造却是个热门话题，占据着世界各大网络媒体的头条，而一帮20来岁的分子生物学极客也在借此将自己的生物技术公司上市，成为亿万富翁。新型基因改造技术有：将来自其他物种的基因插入动物体内，创造出所谓的转基因动物；用非功能性基因替换掉动物自身的某个基因，以制造"基因敲除"动物；甚至选择性地改变动物的某个基因。这些技术都够新奇、够刺激的。

近年来，分子生物学家操纵了实验室小鼠（以下简称小鼠）体内编码神经递质（在脑细胞之间传递信息的化学物质）的基因，以及神经递质受体（驻留在细胞表面并对传入的神经递质做出反应的分子）的基因。研究发现，改变这些基因会影响小鼠方方面面的行为，如性行为、攻击行为、冒险行为、药物滥用等。分子生物学家据此便断言人类的基因与行为之间可能存在着同样的关联，这是否有些草率了呢？

---

① 泰 - 萨克斯病是一种罕见且致命的遗传疾病，它是由基因问题导致的进行性神经系统损伤。——译者注

人们经过更为仔细的研究往往会发现，支持基因与行为之间存在确切的关联关系的证据微乎其微。例如，自1996年左右开始，相关人士便发表了一系列将人类的特定基因与猎奇行为进行关联的研究成果，媒体也曾对此大肆宣传。然而这些研究表明，总体而言这些基因带来的统计数据变化仅有5%左右。

如今，人们往往渴望（因此会高估）几乎一切新鲜事物。其结果就是，在那些以管窥天的外行人（并非他们的过错）心中，有一种很普遍的印象，即只有非常极端的环境才能削弱基因的影响。

这就是发表在《科学》上的那项研究的出发点。它并非《时代周刊》的封面故事，也没有引人注目的小鼠昵称。该研究由3位行为遗传学家联合开展：来自美国波特兰退伍军人事务医学中心和俄勒冈健康与科学大学的约翰·克拉布（John Crabbe）、来自加拿大埃德蒙顿的阿尔伯塔大学的道格拉斯·瓦尔斯滕（Douglas Wahlsten），以及来自美国纽约州立大学奥尔巴尼分校的布鲁斯·杜德克（Bruce Dudek）。克拉布和他的同事们有一个适度的目标：他们希望将旨在测量基因对小鼠嗜酒和焦虑等行为的影响的各种测试标准化。研究人员的目的是得到能足够准确地衡量相关效果的测试，从而得出在所有实验室均可高度重复的结果。

为此，他们分别在各自的实验室里创建了一模一样的条件。首先，每位研究人员均使用来自相同的8个品系的几组小鼠。一个品系是指一个小鼠谱系，其中近亲相互繁殖无数代，直至任意两只小鼠都如同卵双胞胎一般。其中，有些是对照品系，剩下的则经过了某种奇特的基因操作，如敲掉其中的一个基因。关键在于这些品系已得到过研究。例如，众所周知，X 品系是众多实验室最常用的基本现成品系，Y 品系更易饮酒，而 Z 品系容易焦虑，等等。

一旦研究人员确定自己获得的是相同品系的小鼠，就会采取措施确保在标准化条件下饲养这些小鼠。在实验过程中，研究人员应避免小鼠因与基因无关的因素而出现差异性行为，确保不会出现任何可辨性差别，如这边的食物更美味，或者那边的笼子更脏。最后，研究员选择 6 项标准化行为测试，包括小鼠走迷宫实验、小鼠强迫游泳实验，以及其他一些很容易衡量成败结果的任务。

这个计划看起来很简单，然而执行起来却艰辛异常。克拉布、瓦尔斯滕和杜德克竭尽全力地确保这些小鼠在 3 个实验室里所处的环境完全一致。他们对该过程中的每个要素都做了标准化处理，从小鼠的饲养方式到测试方式，再到设备的部署。例如，由于有些小鼠是在实验室出生的，而其他的则是从市场上购买来的，因此研究人员专门让在实验室出生的小鼠乘坐一趟颠簸的货车，以模拟从市场上购买来的小鼠在运输过程中受到的推搡，以此消除这种压力可能带来的影响。

研究人员在同一天的同一时间对年龄完全相同（精确到天）的小鼠进行了测试。它们均在同一年龄断奶，所有亲代母鼠都在同一时间称重。所有小鼠都住在同样的笼子里，用的也是相同品牌和厚度的锯末垫层，而且都是在每周的同一天进行更换。在处理这些事务时，研究人员均佩戴同一种医用手套进行同步操作。小鼠们的食物是一样的，食物存放环境的光照和温度也都一样，就连给它们的尾巴做识别标记所用的笔也都是同一个牌子的。这 3 个实验室的环境几乎一模一样，就差把克拉布、瓦尔斯滕和杜德克设定为失散多年的同卵三胞胎了。

在这 3 位遗传学家所创造的世界里，环境几乎完全相同，培育的小鼠的基因也没有差别。如果基因的作用真的那么强大，能一锤定音，那么这 3 个实验室的研究得分应该完全一样。无论在哪个实验室进行测试，所有 X 品系的小鼠在测试一中得 6 分，在测试二中得 12 分，在测试三中得 8 分，等等。来自 Y 品系的小鼠也将在测试中表现如一，例如在测试一中得到 9 分，在测试二中得到 15 分。这样的结果才能构成令人信服的证据，证明基因在很大程度上决定了行为……至少对于在这些特定测试中所涉及的小鼠体内的基因而言是这样的。

但这未免太过荒谬了，没人会指望每只动物的测试结果都完全相同。其实人们只是预计结果会相当接近：或许 3 个实验室中所有 X 品系的小鼠在测试一中的得分都差不多，也就是说在统计学上基本没有显著性差异。事实上某些品系在接受某些测试时的确呈现出这样的结果。在一项（最令人印象深刻的）测试中，所有 3 个实验室中近 80% 的数据变化可仅用基因来解释。但真正关键的发现是，在某些测试中，其结果并不支持基因决定小鼠行为的说法，更不用说基因决定人类行为了。事实上，这些测试的结果完全是杂乱无章的，相同品系在不同的实验室里得到的测试结果之间有着根本性差异（尽管在同一实验室里的结果趋同）。

为了说明这些研究人员在一些情况下得到的数据，我们引入一个用以测量可卡因对小鼠活动水平的影响的品系 129/SvEvTac。根据在位于美国波特兰的实验室里进行的相关测试结果，可卡因使这些小鼠在每 15 分钟内平均增加了 667 厘米的活动距离。在位于美国奥尔巴尼的实验室里，这一增加值是 701 厘米。还不错，结果相近。在位于加拿大埃德蒙顿的实验室里呢？基因相同的小鼠在极其相似的环境中，活动距离的增加值却超过了 5 000 厘米。这就好比三胞胎选手在进行撑竿跳比赛，他们的训练量都一样，晚上的休息质量也都差不多，早餐吃的都一样，还都穿着同一品牌的内衣。前两名撑竿跳选手的成绩分别是 5 米和 5.1 米，而第三名选手却一个腾空冲到了 30 米高。

现在也许有一些可用来解释这些差异的方法。例如，如果所有数据都是完全随机的，即某个实验室里某品系的某项测试结果因小鼠的不同而不同，完全无规律可言，那么人们就可以合理地推定这些测试很失败。也许是因为这些实验的样本量不够大，无法从中识别出某种模式，也许是因为克拉布及其合作伙伴并不了解小鼠行为测试的奥秘。但正如我所说过的那样，有些数据在同一实验、同一品系和同一实验室里的结果都非常相近。这些研究人员明白自己在做些什么。

另一种可能性是，测试结果会因不同地点本身的性质而不同。也许奥尔巴尼的小鼠与其他两个实验室的小鼠之所以不一样，是因为它们受到了其所在的纽约州的当地环境的影响。也许靠近加拿大埃德蒙顿的那片金色麦田会对那里的小鼠产生系统性影响。但这不可能，因为并非实验室的所有测试数据都出现了系统性差异。

还有第三种可能的解释：也许不同品系的小鼠之间的行为差异只是程度问题。假设某些小鼠品系会出现大量的 X 行为。而问题的关键也许是，在地点一和地点二的这些小鼠表现出的 X 行为远多于对照组小鼠，而在地点三的这些小鼠表现出的仅比对照组小鼠稍多一点。但事实却并非如此，测试数据远比这混乱得多：在某些测试中，某个品系的小鼠在地点一表现出的 X 行为比对照组多，在地点二表现出的 X 行为与对照组一样多，但在地点三表现出的 X 行为比对照组少。

或者，还有第四种可能的解释：也许环境条件并不像一些批评者所说的那样可以完全一致。一些科学家曾致信《科学》杂志，暗示小鼠饲料的颗粒大小和质地可能才是问题所在。另一些科学家认为，关键的非受控变量是：在位于埃德蒙顿的实验室里负责监督测试的研究生对小鼠过敏，因此像宇航员那样佩戴了一个防护头盔。他们进而提出了一个富有想象力的假设，即行为遗传学与头盔空气过滤器上的电机发出的超声波之间可能存在关联。的确，事实证明，在严格的测试条件控制措施中还是出了一个关键性失误：用于标记小鼠的笔颜色不一致：有些是黑色的，有些是红色的。莫非这就是导致结果出现偏差的极端环境因素？

请原谅我的戏谑之辞，但研究人员往往不愿意摒弃自己根深蒂固的先入之见，且总是过于乐观，对此我颇感忧虑。当克拉布团队的论文发表时，还附有一篇由杂志社工作人员撰写的评论，标题为《善变的小鼠凸显测试问题》（*Fickle Mice Highlight Test Problems*）。在这篇评论中，作者哀叹处理那些没有给出预期结果的测试有多么困难。

在我看来，上述问题并非如此。如果行为测试未能展现出可靠的遗传效应，那么首先想到的结论不应该是需要对测试进行调整。如果难以察觉的细微的环境差异会显著干扰基因对行为的影响，其实就也可以说基因对相应的行为并没有太大的影响，或者根本就没有影响。

理论上，在各个地方进行的多番测试再现测试结果之前，人们不应该对新近发现的某个行为中的基因成分感到兴奋不已。但这很难。事实往往是一组科学家通过对一批小鼠进行一些独特的分子操作来调控某个与大脑相关的基因，在完成一系列精妙的操作之后，这些小鼠肯定会与先前不太一样。这时对其进行测试，你会发现在某项测试中，一些行为确实会有统计学上的显著变化。奏效了，又一篇引人瞩目的论文诞生了，而当别的实验室不能重现之前的测试结果时，研究人员可以轻而易举地将影响因素归为"测试问题"。这便催生了诸多神奇基因的发现。结论肯定是，大量已发表的将基因与特定行为相关联的文章很可能都是站不住脚的。

不要误会我的意思，我并不是想要抨击基因的重要性。遗传学影响着神经生物学、行为学和生物学的方方面面，且在某些情况下其影响的程度还是非常大的。这项研究中的数据也很有力地证明了某些品系和行为中存在着这样的事实。但研究人员可能无法得到自己期望的结果，这种危险即便在算是死理性派的科学界也普遍存在。不过可以肯定的是，基因绝非皇帝的新衣那般纯属炒作。

但是目前人们，尤其是外行人，对基因近乎狂热。值得一提的是，如果说基因是"皇帝的新衣"，它应该也不会像人们想象的那般华丽。即使是微乎其微的环境，仍可在决定我们是谁的生物间的相互作用中占据一席之地。

注释和延伸阅读 ————————————————

关于杜奇鼠的研究，可参阅：Tang Y, Shimizu E, Dube G, Rampon C, Kerchner G, Zhuo M, Liu G, Tsien J, "Genetic enhancement of learning and memory in mice," *Nature* 410 (1999): 63。

克拉布的论文记录了他们在 3 个不同的实验室中为标准化条件所做的一些非常细致的工作。Crabbe J, et al., "Genetics of mouse behavior: interactions with laboratory environment," *Science* 284 (1999): 1670。另一篇评论文章为：Enserink M, "Fickle Mice Highlight Test Problems" commentary, *Science* 284 (1999): 1599。

与猎奇行为相关的基因仅占数据变化的 5% 左右，可参阅：Ebstein R, Belmaker R, "Saga of an adventure gene: novelty seeking, substance abuse and the dopamineD4 receptor 9D4DR) exon Ⅲ repeat polymorphism," *Molecular Psychiatry* 2 (1997): 361。

在克拉布等人的论文发表几年后，我去拜访一位诺贝尔奖得主，他以研究基因与行为的关系而闻名于世。这是一只巨大的"雄性狒狒首领"，我很怕他。毫无疑问，这种情况产生的压力严重损害了我的前额叶皮质的执行功能和我做出审慎决定的能力，因此我决定抛出克拉布的那篇论文。"那你觉得克拉布等人在《科学》上发表的那篇论文怎么样？"我饶有兴致地试探道。但他却一脸茫然地看着我。"你知道，就是那篇与他们在 3 个不同的实验室测试不同小鼠品系有关的论文……"我问道。我又得到了一个冷漠的眼神。我目瞪口呆——他似乎没有听说过这项研究，毕竟这项研究成果还没有被发表在爱沙尼亚的一些生物学刊物上。我开始介绍这项研究的方法和结果。他从鼻孔里发出一种咆哮般的呼气声，接着说了一些话，大意是："听起来他们对如何进行基本的行为测试一无所知。"谢天谢地，我和他相处的时间很快就结束了，我赶紧溜出了他的办公室。

第 4 章　两性的基因战争

／

　　大多数新婚宴尔的夫妻很快便会认识到，生活不会总是幸福和融洽的，也会有剑拔弩张的时候。夫妻之间通常会因金钱、婆媳关系、前任及女性怀孕时胎儿应该长到多大而纷争不断。最后一个通常是最致命的：男性通常希望在女性怀孕时胎儿可以快速生长，而女性则认为这样想的男性过于自我，会想方设法将胎儿控制在合理的大小。

　　令人惊讶的是，在包括人类在内的各种哺乳动物身上似乎都存在着这样的冲突。事实证明，这只是光怪陆离的两性斗争世界的冰山一角，在这个世界里，男性和女性的演化目标是相互冲突的。认识这场斗争的发生机制可以帮助我们理解很多奇怪的行为和生理现象，有助于我们深入了解某些疾病，甚至可以帮助我们探寻人类作为一个物种的本性。

　　即便是已经配对成功的雄性和雌性，也极有可能因目标不一致而产生分歧。1933 年，在詹姆斯·卡格尼（James Cagney）把柚子砸到梅·克拉克（Mae Clarke）的脸上时，公众就首先意识到了这一点。①科学家们很少去看电影，因而多花了几十年的时间才逐渐理解这一点。对于他们来说，在20世纪60年代，要理解这一点需要采用一种被称为"群体选择"的演化思维方式。就像美国动物学家马林·珀金斯（Marlin Perkins）所描绘的和平王国那般，动物的行为是"为了物种的利益"。这其实是站不住脚的，因为进一步的研究表明，行为更像是两种现象的结合。首先是个体选择，即生物体尽可能多地把自己的基因传递下去（"有时，鸡只是蛋生蛋的工具而已"）。其次是亲缘选择，即帮助近亲个体传递其基因（"我愿为我的家族献出我的生命"）。

冲突源于两个事实。首先，成为伴侣的雌雄个体之间并无亲缘关系（大多数物种都有一些避免近亲交配的方法），因此相互合作的演化动机并不充分。其次，两性在生育方面的付出完全不对等。雌性必须承担孕育新生命的代谢成本，再加上某些物种中存在着大量的母性行为。相对而言，雄性只需承担精子所消耗的热量，且不管是什么动物，也都不过是承担交配时的那一些付出。雄性如果择偶不当，也只是损失了一些精子；而对于雌性来说，如果选错了对象，那她下半辈子都得给这些长相滑稽、生得蹊跷的后代擦鼻涕。

我们假设存在这样一个物种，雄性和雌性交配完后就各奔东西，永不相见。随着时间的推移，雄性会和更多其他雌性交配，雌性也会与诸多其他雄性交配。这就会导致很多冲突的出现。选择某个雄性进行交配这一过程的逻辑是什么？这样下去雄性会不惜一切，甚至以牺

---

① 该场景出自好莱坞喜剧电影《猎艳杀手》。卡格尼和克拉克在片中饰演一对情侣。
——编者注

牲交配对象未来的生育力为代价，演化出能使交配产生的后代成活率更高的特性。毕竟在交配完成后雌雄个体不会再相见，雌性未来在演化市场上的价码多少已与雄性无关。事实上，对于雄性个体来说其后代的存活率变高的同时雌性未来的生育力还下降了，那就再好不过了，因为雌性很可能会再与其他雄性竞争对手进行交配。这就是雄性的逻辑。[①] 那雌性的逻辑是什么呢？雌性的逻辑更为复杂，她们当然希望这次交配产生的后代能够存活下来且可以生生不息，但这必须与其未来的成功生育相平衡。例如，在哺乳动物中，哺乳会抑制排卵。因此即便哺育会大大增加后代存活率，哺乳动物中的母亲也不会一生都哺育这个后代。否则，她们可能无法再排卵、怀孕，以及哺育更多的后代。

果蝇中就存在着这种现象。果蝇不会和某一同伴一起慢慢变老，相反，它们会与众多对象交配，而且只"约会"一次。在这种条件下，果蝇演化出了一项独特的功能：雄性果蝇的精液中含有可以杀死其他雄性精子的毒素。如果雄性果蝇与刚完成交配的雌性果蝇交配，"杀精剂"便会发挥作用，直接杀死上一个竞争对手的精子。这是一项很强的适应能力。但问题在于，这种可以杀死竞争对手的精子的物质也会对雌性造成伤害，会慢慢损害雌性果蝇的健康。但雄性果蝇并不会

---

① 对这类生物学感兴趣的读者应该明白，动物不会手捧演化教科书和计算器坐在那儿进行推算，这并非动物有意识地策划出的成果。相反，诸如"动物想要这样做，觉得现在是时候……"之类的措辞只是对更为准确但更加烦琐的说法的简述。准确的说法应该是"在演化过程中，该物种中至少一些个体是部分通过基因影响机制来更好地优化这种遗弃行为的时间点，留下更多的基因复制品，从而使这种属性在种群中更为普遍……"。拟人化只是一种解释性手法，使文字更有趣味性，以防大家在会议过程中睡着。

考虑这一因素。这增加了雄性果蝇的演化适应性，而且反正以后再也不会相见了。雌性果蝇只能独自承担这种伤害。

加州大学圣克鲁斯分校的生物学家威廉·赖斯（William Rice）做了一个非常巧妙的实验，在该实验中他阻止了雌性果蝇演化，同时让雄性果蝇相互竞争。在培育 40 代之后，他选出了一批演化上最为"适宜"的雄性果蝇，这些雄性果蝇的后代最多，精液中的毒性最强。关键点是，与它们交配的雌性果蝇的预期寿命较短。

那么雌性的策略是什么呢？当赖斯进行逆向研究时，一切变得明朗起来：保持雄性不变，让雌性演化以对抗带有毒素的雄性，结果显示，在培育了与上述实验大致相同的代数后，雌性的寿命不会再因雄性精液中的毒素而缩短，并且还演化出了一种可以消除雄性精液中的毒素的机制。干得漂亮！这是一场无情的、协同演化的军备竞赛。

新奇且具有挑战性的是，在包括人类在内的哺乳动物身上也出现了同样的境况。其中涉及一种被称为印记基因的基因，该基因似乎违背了遗传学的基本原理。

让我们一起回顾中学生物学课程中的格雷戈尔·孟德尔（Gregor Mendel）的显性基因和隐性基因的内容。孟德尔告诉我们，遗传特征是由"孟德尔式"的基因对编码的，这些基因对分别来自父亲和母亲。他指出，一对基因通过相互作用影响生物体的方式，取决于这对基因的遗传信息是否相同。在经典的孟德尔遗传学理论中，父母哪一方贡献了哪条遗传信息并不重要。从母亲那里得到一个香草味的基因，从父亲那里得到一个巧克力味的基因，或者相反，这对基因在后代身上编码的性状看起来都一样。

印记基因违反了孟德尔的规则。在存在印记基因的情况下，父母双方仅一方的基因得以表达，而另一方的相应基因被抑制了，失去了对表达性状的影响。这一新兴领域中的大多数专家认为，在人类约30 000个[①]基因中只有几百个印记基因，但它们的影响不容小觑。

这很诡异。但只要认识到大多数特征鲜明的印记基因都有着神奇的规律，就不难完整且清晰地解释这种神秘的基因了。这些印记基因均与发育有关，如胎盘发育、胎儿发育、新生儿发育等。来自父亲的基因有利于更大、更快、更高代价地生长，而母源基因则与此相反。1989年，哈佛大学演化论学家戴维·黑格（David Haig）首次提出，印记基因，包括人类的印记基因，正是两性竞争的表现，是果蝇精子战争的续篇。

第一个战场是胎盘，这是一个看起来有点令人毛骨悚然的组织。胎盘只是部分与雌性相连，但它会侵入（产科常用术语）雌性的身体，将触手伸向其血管以汲取利于胎儿不断生长的养分。胎盘也是一片焦灼的战场，父源基因促使它更积极地入侵，而母源基因则试图阻止这种入侵。我们是如何知道的呢？在罕见疾病中，与胎盘发育相关的母源或父源基因会发生突变并失活。失去父源基因的助力，母源抑制胎盘发育的因素就不再受到限制，这样一来就会使生物体患上一种可导致胎盘无法在子宫内膜着床的疾病，使胎儿无法发育。相对应的，如果母源基因不再发挥作用，那些父源基因便会如脱缰的野马，使生物

---

① 最新研究表明，人体内有 20 000 ~ 25 000 个蛋白质编码基因。——译者注

体受到胎盘的肆意侵袭，进而引发绒毛膜癌，这是一种极具侵袭性的癌症。因此，常规的胎盘植入其实是在制造一种令人不安的局面。

在胎儿发育过程中，印记基因的斗争仍在持续。一种编码啮齿动物强效促生长激素的基因仅由父源基因表达。这是一个由父本推动胎儿最大限度发育的经典案例。在小鼠身上，母本通过表达一种可调节生长激素有效性的细胞受体的基因来降低生物体对该激素的敏感性，从而对抗生长。真是道高一尺，魔高一丈。

一旦胎儿降生，印记基因就会发生特别奇怪的转变。某些父本表达的基因有助于让孩子成为吃奶好手。所以这也是常见情况的另一个例证：让母亲通过哺乳消耗更多热量，以换取孩子更快的成长。现在我们谈论的是影响行为的印记基因。还有其他的一些基因在以更加怪异的方式影响着大脑的发育。①

印记基因的发现可能有助于一些如肿瘤、不孕症、胎儿过度生长或发育不良这样的疾病的治愈。但除此之外，从哲学上讲，这些发现令人不安，它们似乎对人性有一些令人沮丧的负面影响。回到与果蝇的两性战争有关的逻辑上，如果雄性在乎雌性的未来又会是什么样的情形？一些物种如仓鼠，雄性来去匆匆，草草了事，印记基因也是如此。然而，我们人类呢？"无论疾病还是健康，"我们承诺，"直

---

① 有些母源基因有利于胎儿发育出更大的大脑皮质，即掌管智力的大脑区域。如果这些基因发生突变，不再起作用，可能会导致发育迟缓。同时，一些父源基因有利于下丘脑的发育，而下丘脑控制着很多无意识的身体功能。这些与大脑发育和功能相关的印记基因在两性战争中扮演着什么样的角色？各种猜测都有，但至今尚无定论。

到死亡将我们分开。"我们是出过保罗·纽曼（Paul Newman）[①]和乔安妮·伍德沃德（Joanne Woodward）这种模范夫妻的物种。对于一夫一妻制的动物来说，雌性未来的健康和生育能力既符合雄性的利益也符合雌性的利益。那么，这种印记基因对于一对正考虑为自己的金婚纪念日派对准备哪些开胃菜的夫妻来说，又有什么作用呢？

答案是，人类一夫一妻制的程度被夸大了。人体解剖学和生理学特点均与此相悖。大多数人类文化都默许多配偶的存在。从亲子鉴定到《新闻周刊》的封面故事（《新的不忠》，2004 年 7 月），大多数研究都表明，即使在一夫一妻制的社会中，仍存在着很多夫妻关系之外的两性行为。人类与果蝇的共同点比人们普遍认为的要多。

这会让人感到很失望：果蝇会毒害它的爱人；而当父母为婴儿房挑选配色方案时，母源基因和父源基因却正在胎儿体内拼个你死我活。大自然就该如此残酷无情，连基因都不放过吗？一切都必须以竞争为基础吗？为什么我们不能和睦相处呢？

演化生物学家对此力倦神疲，搬出了该领域里的那番陈词滥调。他们解释道，生物学不是用来推定应该是什么的，而是用来说明是什么的。这是一个残酷的演化世界，一代更比一代强……有些事情是不可避免的。

不过赖斯和布雷特·霍兰（Brett Holland）的一项研究表明，这或许并非不可避免，精心的操纵或许能带来转机。研究人员把几对交

---

① 　二人均为好莱坞演员，一起经营了长达 50 年的婚姻。——编者注

配中的果蝇与其他果蝇分隔开来，迫使其实行一夫一妻制。接着，让其后代只与其他同样被迫实行一夫一妻制的果蝇后代交配，并继续保持一夫一妻制。在按照该方法培育了 40 代后，一夫一妻制下的果蝇后裔便解除了武装：雄性果蝇不再产生含有毒素的精液，雌性果蝇也不再产生相应的抗毒素。在雄性之间的竞争不再是一种选择力时，规则就已经改变，如果还产生这些化学物质，就是一种不适宜的能量浪费。更令人惊讶的是，这些一夫一妻制的果蝇比普通的竞争性果蝇繁殖得更快。这种做法更具演化适应性，因为它们避免了两性战争的代价。多么美好啊。随着背景音乐约翰·列侬的《想象》（Imagine）奏起，我们认识到这意味着果蝇再也不用负担军费开支，还能享受安全的性爱，一切太平，无须再担惊受怕。

想象一下在人类身上做同样的实验。隔离一些人，迫使他们及其后代在上千年的时间里实行一夫一妻制，我们或许也会开始解除属于哺乳动物两性战争的武器装备，即印记基因。这些基因可能是一种演化负担，它们会使某些真正可怕的癌症成为可能。如果我们通过消除多配偶制来消除这些基因的优势，自然选择就会清除这些基因。

这真是个奇怪的结论，我们是否应该去做一些道德说教，说服大家加入一夫一妻制的行列，牢记第七诫[①]，这样就能参与"到 3000 年时消除绒毛膜癌"的运动了？是时候后退一步了。从果蝇开始着手以了解两性竞争相对容易。由于存在随机的遗传变异，一些雄性果蝇会无意间产生具有轻微毒性的精子，雌性果蝇必须进行解毒，否则便会死去。从那时起，竞争开始螺旋式上升。印记基因的起源有点复杂，

---

① 此处特指《圣经》十诫中的第七条：不可奸淫。——译者注

不过一旦出现首个不对称的父源基因推动有损母体的增长，战争就必然会升级。旧石器时代的人们在水井旁取水时，都会随身携带一根看起来有点大的棍子用以击打动物，如果发现隔壁部落的人用的棍子稍微大了一点，本部落的人就会换一根更大的棍子用来防身。各领域中的竞争态势就是在类似的机制下形成的，正如冲突多发的地区那样，升级比减缓更容易发生。

注释和延伸阅读

从群体选择思维的转变，以及对有关行为演化的现代思维框架的介绍，可参阅这本权威著作（使用这词这并非我的一贯作风，但在此处用之，是实至名归的）：Wilson EO, *Sociobiology, the Modern Synthesis* (Cambridge: Harvard Univ. Press, 1975)。

关于演化背景下的两性竞争，可参阅：Miller M, *The Mating Mind: How Sexual Choice Shaped the Evolution of Human Nature* (New York: Doubleday, 2001)。

尽管自以为是，然而人类并非严格意义上的一夫一妻制物种，此观念可参阅：Barash D, Lipton J, *The Myth of Monogamy: Fidelity and Infidelity in Animals and People* (New York: Owl Books, 2002)。

关于果蝇，可参阅：Rice WR, "Sexually antagonistic male adaptation triggered by experimental arrest of female evolution," *Nature* 381 (1996): 232; Rice W, "Male fitness increases when females are eliminated from gene pool: Implications for the Y chromosome," *Proceedings of the National Academy of Sciences, USA* 95 (1998): 6217; Holland B and Rice W, "Experimental removal of sexual selection reverses intersexual antagonistic coevolution and removes a reproductive load," *Proceedings of the National Academy of Sciences, USA* 96 (1999): 5083。

关于戴维·黑格的研究，可参阅：Wilkins J and Haig D, "What good is genomic imprinting: the function of parent-specific gene expression," *Nature Reviews Genetics* 4 (2003): 359。

有关与大脑发育相关的印记基因综述，可参阅：Keverne E, "Genomic imprinting in the brain," *Current Opinion in Neurobiology* 7 (1997): 463.

有关印记基因在出生后的成长过程中所起的作用，可参阅：Itier J et al., "Imprinted gene in postnatal growth role," *Nature* 393 (1998): 125.

一本疯狂且有趣的著作：Judson O, *Dr Tatiana's Sex Advice to All Creation* (New York: Owl Books, 2003)。在这本书中，虚构的塔蒂亚娜博士为各种动物均写了一篇虚构的建议性专栏文章。

第 5 章 基因与环境的良性互作

难道你不喜欢那些都市传说、那些人人皆信的离奇故事吗？有些学者以研究都市传说为生，并将其分门别类，追溯它们在北欧神话中的起源，还在会议上就此话题进行辩论。在所有这些对都市传说进行纯理性探究的过程中，能听到一些大家都喜爱的故事也是很有趣的。有些一再被提及的故事，如有人把贵宾犬放进微波炉里进行烘干。还有个更经典的故事，讲的是配备水肺的潜水员连同大量的水被装到灭火飞机的大桶中，以扑灭森林大火。而在另一个故事中，一位女性在大热天里留了一堆杂货在车里，一段时间后当她打开车门时一管曲奇饼就热爆了，并溅到了她的后脑勺上。她坚信自己中弹了，她把曲奇浆当成了自己溅出的脑浆。

还有一个故事是关于一群对人类基因组进行测序的科学家的：他们可以把你的一切解释得明明白白，而他们采用的方法就是对你的基因序列进行检测。当然，某人的表兄的朋友的叔叔发誓说，有了人类基因组测序的加持，他可以解释万事万物。但事实并非如此，我们又回到了都市传说的范畴。

为什么人们如此热衷于基因是万能的这个观点呢？在发现 DNA 结构的 50 周年纪念日的庆祝活动上，人们把遗传密码视为宗教中的"圣杯"，是密码的编码。

这项"圣杯"事业甚至被生物学家们大肆宣传，人们付些钱便可掌握更多信息。这种情况令人惊讶，因为正如前面几章中所强调的那样，基因并不能主导一切。相反，我们又回到了基因与环境相互作用的范畴，而基因与环境相互作用这一概念通常是生物学家们在初期经常提及的。

基因与环境相互作用的观点可能意味着很多。至少，这意味着那些深陷先天与后天之争的人已然跟不上时代了。更关键的是，这意味着虽然基因可以（间接）指导细胞、器官和生物体在环境中发挥作用，但环境可以调节哪些基因在特定时间处于活跃状态，这是第 2 章所阐述的一个核心思想。更重要的是，它还意味着某个特定基因所产生的特定蛋白质，在不同的环境中会发挥不同的作用。因此，理论上有些基因会在这个环境中使你长出鹿角，而在另一个环境中则会下达让你飞到南方过冬的指令。

对于那些仍在因先天或后天而争论不休的人来说，现在的议题变成了：这种基因与环境之间的相互作用到底有多强？一个极端是那些嘲笑基因会让你长出鹿角或向南飞的人。持这种观点的人认为基因在发挥决定性的作用，而环境只会改变其发挥作用的速度、强度或时长。但环境所产生的这些影响不会显著改变最终结果。在基因和疾病的领域中，这就相当于在说需要多大的风力才能改变铁砧从 10 层楼高的地方落下并精确地砸到你的脚趾上的速度。在这种情况下，谁会在乎铁砧与环境之间的相互作用呢？另一个极端是那些断言这种相互作用会产生重大后果的人，在他们看来，风这样的环境因素或许能使铁砧像羽毛那般轻轻落下。

因此，科学家们兴致勃勃地进行着争论和实验。在这些争论之中，提醒人们基因与环境之间的相互作用有多么强大是很有必要的，下述几项研究便是很好的例子。

第一项研究与最微妙、最不受欢迎的一项环境影响有关：产前环境。正如第 3 章所述，实验室培育出了多种特征鲜明的啮齿动物品系：有的品系会患上某种糖尿病，有的品系会患上高血压，等等。每个品系都是通过让一代又一代具有某些特性的动物进行近亲繁殖，直到该品系的所有成员在遗传上像克隆那样近乎完全相同而得到的。无论它们在哪个实验室里长大，如果该品系的所有成员均表现出了这一特性，就不难察觉到明显的遗传影响。并且，按照第 3 章的核心观点，即使是那些最能影响行为的基因，在同样的环境中所产生的影响也不尽相同。

在完成近亲繁殖之后，研究人员会进行一项被称为"交叉抚育研究"的关键实验。假设 A 品系的所有小鼠长大后都喜欢可口可乐而非百事可乐，而 B 品系的小鼠刚好相反。在出生时选取一些 A 品系小鼠，让 B 品系的母亲们在 B 品系种群中抚育它们。如果它们长大后仍然钟爱可口可乐，常规的解释是你发现了一种对环境有极强的抗性的行为，这会使人们为先天而非后天记上一分。然而，交叉抚育研究可以一锤定音吗？

这便是埃默里大学神经生物学家达琳·弗朗西斯（Darlene Francis）及其同事开展的这项新研究的出发点，研究结果被发表在了著名期刊《自然－神经科学》（Nature Neuroscience）上。他们研究了两个在一系列行为上存在差异的小鼠品系。简而言之就是，其中一个品系的小鼠比另一个品系的小鼠在承受压力时表现得更为焦虑和不安。与放松型小鼠相比，胆小型小鼠更难融入恐怖的或新的环境，且在面对有压力的任务时，胆小型小鼠学习起来更加困难。

研究小鼠的遗传学家其实早就知道这些差异。他们还证实了，这些差异在很大程度上是由遗传因素决定的。的确，有一些证据表明，放松型小鼠的母亲比胆小型小鼠的母亲花在养育后代上的时间更多，舔舐和给幼崽梳理毛发的行为也更多。这一证据令信奉基因的人们感到颇为担心，认为是抚育方式造成了两种品系之间的差异。但研究人员随后又进行了严格的测试：让胆小型小鼠的母亲抚育刚出生的放松型小鼠，结果显示放松型小鼠长大后与其他放松型小鼠无异。

接下来，弗朗西斯及其团队开展了进一步的研究。研究人员采用体外受精技术，将交叉抚育提前到了胚胎期。具体来说，他们将放松型小鼠的受精卵植入胆小型雌性小鼠体内，这些雌性小鼠将在体内孕育胚胎至足月。他们还对将放松型小鼠受精卵植入放松型雌性小鼠体内的过程进行了密控（以防体外受精和植入过程影响实验结果）。在小鼠出生后，一些放松型的幼崽被胆小型的母亲抚养，而另一些则由放松型的母亲抚养。

结果显示，在这些天生的放松型小鼠与胆小型小鼠母亲一起经历了胎儿发育期和新生儿发育期的条件下，这些小鼠长大后会像其他胆小型小鼠一样胆小。携带相同基因的生物体，在不同的环境中，形成了不同的结果。

这一结果突出了两个要点。第一，环境影响并非始于出生之时。胆小型小鼠母亲在怀孕期间所处的环境中的某些因素，如压力水平或营养，会对其后代（即便是在成年之后）的焦虑水平和学习能力产生影响。其机制可能与大脑结构、激素水平或新陈代谢的改变有关。事实上，一些与此相同的产前影响已在人类身上得到了证实。第二，放松型小鼠之所以放松，不仅仅取决于基因，其胎儿时期和新生儿时期所接触的环境是关键因素。

因此，对于那些持基因为王论调的人而言，这肯定是会令其感到有些不安的。下一个研究结果更加有力地说明了这一点，因为一开始它看似是对遗传决定论的坚定支持。该研究结果也被发表在了《自然－神经科学》上，这项研究是由钱卓及其在普林斯顿大学的同事们一起完成的，前文提及的杜奇鼠就是由这些研究人员创造的。你或许还记得，钱卓及其团队通过插入一个基因来增强特定的神经递质（在脑细胞之间传递信息的化学物质）的功能，从而培育出了杜奇鼠。这只培育而来的聪明小鼠，可以做微积分和平帐。现在，钱卓及其团队制造了一种"基因敲除"的小鼠，该小鼠缺乏与神经递质系统相关的编码该神经递质受体的关键基因。通过一些操作，他们将这种影响限制在了对学习和记忆至关重要的大脑区域。在这种情况下，这些小鼠大脑其他区域的神经递质及其受体全都完好无损，而受到影响的那块大脑区域的这种受体系统则完全失灵。

研究人员发现，这些小鼠存在着各种各样的学习问题。它们在识别物体、进行嗅觉辨别（啮齿动物的特长）以及特定的情境学习方面表现不佳。这些全都是记忆的子类型，通常都依赖于大脑中的相关区域。而且，研究人员还发现，作为其众多最佳对照组之一的小鼠在不涉及该大脑区域的记忆类型上表现良好。

这项研究的结果已经证明了这些小鼠那块大脑区域的受体对于记忆而言是多么重要。考虑到人类大脑中也有同样的神经化学系统，人们不禁会进行联想。不同的人有不同版本的这种受体基因，这可能会导致受体的工作机制不同。现在看来，这可能会导致记忆的运转方式有所不同。决定着我们的个性的特征，可以被追溯到某个基因水平上。这是 DNA 的地盘，显然先天强过后天。

然后研究人员做了一些非常有趣的事情。心理学有个十分经典的旧范式：把啮齿动物的幼崽放在一个趣味盎然的环境（而不是放在无聊且无菌的笼子中）里进行饲养，里面布满了转轮和可供钻藏的地道，还有不错的小鼠玩具。值得注意的是，这种在"富足"环境中生活的啮齿动物的幼崽显得更加聪明，大脑的发育也更好，各方面都更优秀。富足的环境甚至对成年啮齿动物的大脑也有类似的良性影响，这对于我们这些不再年轻的人而言是个不错的消息。

因此，钱卓及其同事挑选了一些遗传背景较差的小鼠，将其置于富足的环境中。令人惊讶的是，一些遗传性学习缺陷得到了纠正。重申一下，转轮和挤压玩具所带来的可不是细微的遗传改变，而是对因某个基因的完全缺失而造成的非常严重的遗传缺陷的纠正，这个基因对于主导学习和记忆的大脑区域至关重要。适宜的刺激环境可以纠正基因缺失造成的遗传缺陷。

这些研究结果可能会让全世界的小鼠母亲感到惊慌失措：还记得我们怀孕时那坐卧不安的过往吗？还记得我们时常对新生宝宝感到厌烦的经历吗？或许其中就有那么一条是孩子无法进入最好的大学的原因。尽管这个话题似乎与人们的关注点相去甚远，但这就是研究的终极意义所在。

伦敦国王学院的神经科学家阿夫沙洛姆·卡斯皮（Avshalom Caspi）及其同事在《科学》杂志上发表了一篇具有里程碑意义的论文。与这些研究人员所做的工作相比，那些通过观察只能活 24 小时的果蝇而得出结论的研究显得不够严谨。这些研究人员对 1 000 多名新西兰儿童进行了长期跟踪，从婴儿期开始直到成年，将近 25 年。他们的研究对象之一是那些患有临床抑郁症的年轻人。由于抑郁症可能会危及生命，且有 5% ～ 20% 的人饱受着这种疾病的折磨，因此该课题是有益且值得深入研究的。

卡斯皮的团队还研究了被试的抑郁模式，发现这与拥有某种基因变体有关。这一发现很好，但并非什么大新闻。也许，基因与你的脚踝骨骼的形成方式有关。是的，基因与抑郁症的似乎很微弱的相关性或许只不过是统计上的小伎俩而已。相反，卡斯皮及其团队所谈及的基因正是抑郁症生化理论的核心，它编码着一种有助于调节 5- 羟色胺进入神经元的量的蛋白质。5- 羟色胺是一种神经递质，是大脑中众多类型的递质之一，但它对抗抑郁药物，如百忧解、帕罗西汀和左洛复（统称为 SSRIs，即"选择性 5- 羟色胺再摄取抑制剂"）敏感。

5- 羟色胺调节基因被称为 5-HTT，它有两种类型，编码同一种蛋白质，但它们在蛋白质产量及调节 5- 羟色胺的能力上存在差异。

由人类基因编码的 5-HTT 版本，因人而异。非人灵长类动物也有同样的表现，研究表明，猴子的 5-HTT 类型会影响其应对压力的能力。

因此，卡斯皮及其同事列出了两种 5-HTT，以及它们与被试群体中抑郁症发病率的相关性。他们的发现值得仔细探讨。他们证明了某种类型的基因会导致抑郁吗？没有。他们是否提及某种类型的 5-HTT 会显著增加患抑郁症的风险？也没有。

他们通过研究表明，如果你携带一种特殊类型的 5-HTT，则患抑郁症的风险会大大增加，但这仅限于特定环境。是什么样的环境呢？是在童年或快成年时经历过重大的压力事件或遭受创伤（如亲人去世、失业、重病）。在他们的研究中，那些 5-HTT 状况"糟糕"且同时遭受重大压力事件的人，患抑郁症的风险几乎是那些 5-HTT 状况"上佳"且有同等压力史的人的 2 倍，自杀或产生自杀念头的风险几乎是其 4 倍。但是那些没有经历过重大压力事件的人，并未因 5-HTT 的"糟糕"状况而变得更糟。①

那么，你的 5-HTT 变体与你患抑郁症的风险之间有什么样的关系呢？这甚至不是一个有效问题。解决此问题的唯一准确方法是追问你的 5-HTT 变体与你在特定环境中患抑郁症的风险之间有何联系。

我们能从上述 3 项研究中获得什么启发？显然，要注意轻易得到的结论，大自然很少吝啬，同时要把基因放在适当的位置。有时遗传

---

① 完成这项工作的是德国瓦尔堡大学的一个小组，他们的研究表明，应激激素可调节 5-HTT 的活性，且调节效果会因 5-HTT 的类型不同而有所不同。

因素是不可避免的，如果你有亨廷顿舞蹈症的基因，那么你到中年时就百分之百会患上这种可怕的神经系统疾病。但在比人们通常预期的多得多的领域，基因仅意味着易感和可能性，而非命运的主宰。

随之而来的是一种社会性需求：基因似乎确实在我们的一些不太理想的行为中发挥了作用。但是，与这些基因相关的知识一直在提示我们，我们有更多的责任去创造能与这些基因进行良性互动的环境。

注释和延伸阅读

关于达琳·弗朗西斯研究的更多细节，可参阅：Francis D, Szegda K, Campbell G, Martin W, and Insel T, "Epigenetic sources of behavioral differences in mice," *Nature Neuroscience* 6 (2003): 445。

产前环境对包括人类在内的哺乳动物的代谢、患代谢疾病的风险、生殖功能、大脑发育和行为具有终身影响，可参阅：Barker D and Hales C, "The thrifty phenotype hypothesis," *British Medical Bulletin* 60 (2001): 5; Gluckman P, "Nutrition, glucocorticoids, birth size, and adult disease," *Endocrinology* 142 (2001): 1689; Dodic M, Peers A, Coghlan J, and Wintour M, "Can excess glucocorticoid, in utero, predispose to cardiovascular and metabolic disease in middle age?" *Trends in Endocrinology and Metabolism* 10 (1999): 86; Avishai-Eliner S, Brunson K, Sandman C, and Baram T, "Stress-out, or in (utero)?" *Trends in Neuroscience* 25 (2002): 518; Vallee M,

Maccari S, Dellu F, Simon H, LeMoal M, and Mayo W, "Long-term effects of prenatal stress and postnatal handling on age-related glucocorticoid secretion and cognitive performance: a longitudinal study in the rat," *European Journal of Neuroscience* 11 (1999): 2906。

关于富足的环境可改变小鼠的认知，可参阅: Rampon C, Tang Y, Goodhouse J, Shimizu E, Kyin M, and Tsien J, "Enrichemnt induces structural changes and recovery from nonspatial memory deficits in CA1 NMDAR1-kncokout mice," *Nature Neuroscience* 3 (2000): 238。

关于抑郁基因的研究，可参阅: Caspi A, Sugden K, Moffitt T, Taylor A, Craig I, Harrington H, McClay J, Mill J, Martin J, Braithwait A, and Poulton R, "Influence of life stress on depression: moderation by a polymorphism in the 5-HTT gene," *Science* 301 (2003): 386; Bennett A, Lesch K, Heils A, Long J, Lorenz J, Shoaf S, Champoux M, Suomi S, Linnoila M, and Higley J, "Early experience and serotonin transporter gene variation interact to influence primate CNS function," *Biological Psychiatry* 7 (2002): 118。

关于压力对 5-HTT 的调节，可参阅: Glatz K, Mossner R, Heils A, and Lesch K, "Glucocorticoid- regulated human serotonin transporter (5-HTT) expression is modulated by the 5-HTT gene-promoter-linked polymorphic region," *Journal of*

Neurochemistry 86 (2003): 1072。

关于压力与抑郁，可参阅：Sapolsky R, *Why Zebras Don't Get Ulcers: A Guide to Stress, Stress-Related Diseases and Coping*, 3rd ed. (New York: Henry Holt, 2004)。

关于都市传说的百科全书式概述，可参阅：Brunvand J, *Encyclopedia of Urban Legends* (New York: Norton, 2002)。

第 6 章　基因或许并没有那么重要

/

对于《动物行为》(*Animal Behaviour*)和《时尚》的忠实读者来说，很明显，全世界的女性都对寻找合适的伴侣一事尤为关切。对于对偶结合物种(pair-bonding species)中的雌性来说，父职技能是其寻找配偶时最在意的品质，如生死相依的天鹅或实行一夫一妻制的南美猴子。在很多这样的物种中，求爱的雄性会表现出其父职技能，如雄性鸳鸯会抓虫子并摆出要喂给倾心的对象的姿态。

对于女性智人来说，选择一个好的伴侣也很重要。当然，智人（也就是我们人类）并非严格意义上的对偶结合物种。大约在 20 世纪 90 年代，得克萨斯大学奥斯汀分校的心理学家戴维·巴斯(David Buss)发表了一项著名的研究，探讨了人们在寻觅配偶时要找的究竟是什么。他对来自 37 种不同文化的 1 万多人进行了调研，这些人分属不同种族、宗教和民族。在这些人中，既有生活在城市的，也有生活在农村的；既有生活在西方发达国家的，也有生活在发展中国家的；既有生活在资本主义社会的，也有生活在社会主义社会的；既有生活在实行一夫一妻制的地区的，也有生活在实行一夫多妻制的地区的。在调研的所有社会类型中，巴斯发现女性比男性更有可能将某人的经济前景视为寻找伴侣时重点参考的因素。这被解释为人类女性普遍希望另一半有能力成为家中的顶梁柱。

即使在不成双成对进行繁殖的社会性物种中，雌性也常常会根据雄性对待她或后代的可能方式来挑选配偶。例如，对于一只雌性东非狒狒来说，当雄性狒狒心情不好时会转而攻击其他雌性狒狒而非她，会是加分项。

对于那些交配完成后便一拍两散，甚至此后再不相见的物种而言，又会是什么样的情况呢？在这样的物种中，雄性没有融入社会群体。典型的配置是一个稳定的雌性群体，外加一个很可能在远早于自己的孩子出生之时就已被其他雄性赶走的育龄期雄性，这种社会结构通常被社会生物学家称为"眷群"，但灵长类动物学家艾莉森·乔利（Alison Jolly）建议将该雄性称为"面首"①。雌性只是从雄性那里得到一些携带基因的精子。这种情况中的雌性对雄性的诉求是什么呢？当然是好的基因。

因此，对于这些雌性来说，一个由来已久的问题是如何找到那些拥有良好基因的雄性。而在一个又一个物种中，雄性都在努力展现自己的好基因。此时，我们可以想象一下雄孔雀在雌孔雀面前昂首阔步的场景，或者雄性动物摆弄着它那精致的鬃毛、象征着野性的色彩或华丽的鹿角。在这些物种中，这些特征有多种用途，或有助于雄性之间的决斗，或有助于吸引配偶（因为这相当于释放信号，表明雄性拥

---

① 原文是 gigolo group，直译为"舞男团"。而此处的译文"面首"，源自南北朝时期，原意指的是健美的男子，后被引申为男妾、男宠。——译者注

有广袤且富饶的领地），或有助于利用雌性的感官偏好。例如，一些雄性鸟类可能会因雌性喜欢红色果实而演化出了圆形的红色羽斑。但在某些情况下，这些装饰性特征已经演变成了雄性试图说服雌性，以表明自己携带着良好基因的一种手段。长期以来一直困扰着演化生物学家的问题是，这些装饰性特征是否真的能表明雄性的遗传健康状况。换句话说，"广告"的真实性如何？

1930 年，20 世纪最具影响力的演化思想家之一、英国统计学家和遗传学家罗纳德·菲舍尔（Ronald Fisher）假设，花哨的装饰性特征其实无法吸引雌性，因为长出和维系这些装饰性特征需要消耗很多能量，这会使得雄性在生存和演化适应方面付出代价。根据这一观点，如果雄性在规模很大的装饰性特征上耗费太多，那就不可能在更为重要的方面仍有余力，如维持良好的免疫系统状态。尽管菲舍尔的观点通常不怎么受欢迎，但也有一些旗帜鲜明的支持者。澳大利亚詹姆斯·库克大学的罗伯特·布鲁克斯（Robert Brooks）和约翰·恩德勒（John Endler）研究了某些雄性孔雀鱼的性魅力。他们首先发现，拥有最奇特的色彩图案的雄性最受雌性欢迎，且其子孙更具魅力。科学家们发现，颜色图案具有遗传性且与性别相关，是由雄性 Y 染色体上的一组基因编码的。布鲁克斯和恩德勒的发现令人印象深刻，相关论文被发表在了《自然》杂志上：有魅力的雄性的子孙后代的存活率明显低于平均水平。要知道，一旦有了这种装饰性特征，这些雄性就更有可能被捕食者杀死（木秀于林，风必摧之，这不足为奇）。甚至在它们达到性成熟且有色彩之前，其存活率就低于平均水平。因此，这个实验很好地说明了有魅力的装饰性特征的代价是极大的。

另一种观点认为，有魅力的装饰性特征并不能作为分辨雄性基因好坏的标准，这些仅代表着时尚。瑞典乌普萨拉大学的雅各布·霍格伦（Jacob Hoglund）和阿恩·伦德伯格（Arne Lundberg）做了一项实验，帮助人们认识这一现象。一只雌性黑松鸡和一只雄性黑松鸡之间并未产生化学反应，雌性对雄性不感兴趣。然后利用现代科学的一些手法，将雄性黑松鸡变得看起来非常受欢迎：在它的周围布满雌性黑松鸡，且看上去都为它神魂颠倒（实则是一批雌性鸟类标本）。在这种操作下，用以测试的雌性黑松鸡居然真的转而觉得这只雄性黑松鸡还挺可爱的。这是一种从众效应。这似乎意味着，如果你所在的社会群体中的所有雌性都认为身着佩斯利图案皮草的雄性尤为性感，那么即使你认为这看起来很荒谬，但出于健康考量，还是想与这样的雄性交往。毕竟，如果雄性身上的佩斯利图案突然流行起来，你会希望所有子孙都有佩斯利图案，这样就可以传递尽可能多的基因。按照这种循环逻辑，一种特质之所以有吸引力，是因为大家都被它吸引了……即使这毫无道理，且没有附带与携带者的健康状况或基因相关的信息。

　　还有一种可能性是，有吸引力的装饰性特征确实可以转化为雄性身上的一些有意义的和令人神往的东西。也许雄性是这样传递健康状况信息的："我之所以会动用如此多的能量来维持这将近 1 米长的尾羽，是因为我本身就很壮实。"1982 年，昆虫学家马琳·朱克（Marlene Zuk）和演化生物学家威廉·唐纳德·汉密尔顿（William Donald Hamilton）正式将其设定为一个概念，即雄性身上显眼且昂贵的装饰性特征代表着它们身上没有寄生虫。为什么雌性会觉得这极具吸引力？因为这降低了它与这个雄性交配后感染寄生虫的可能性。对于有性繁殖的物种来说，性传播疾病也是需要考虑的因素。

这一话题在演化上的更重要之处在于，有吸引力的装饰性特征不仅标志着身体健康，也代表着良好的基因将被传给下一代。以色列特拉维夫大学的演化生物学家阿莫茨·扎哈维（Amotz Zahavi）认为，雌性应该已经演化到能够区分真正反映好基因的装饰性特征与暗示坏基因或仅仅是后天特征的装饰性特征。这一原则可用以解释为何女性可能更喜欢 1.8 米高的男性，而非穿着 10 厘米高的厚底鞋而实际身高只有 1.7 米的男性。

事情真的是这样吗？有吸引力的装饰性特征真的意味着好的基因吗？从理论上来说，你至少可以通过两种方式来回答这个问题。第一种方式是，分离出导致某些物种中的某些雄性具有吸引力的特质的基因。然后，你会发现一系列相关的基因与该基因一起（以统计学上显著的方式）得以遗传。接着你就可以找出这些相关基因编码的蛋白质的功能，以及这些蛋白质是否特别有益。过不了多久，你就得投入大量资金来对孔雀鱼的基因组进行测序了。

第二种方式是传统方式。你可以开展一项研究，让雌性与具有不同类型的吸引力的雄性交配并生育后代。然后看看有吸引力的雄性是否会生育出更为"健壮"的后代，这些后代是否更有可能活到成年且能生育自己的后代。如果答案是肯定的，你就有充分的理由得出结论：更有吸引力的雄性会传递更具适应性的基因组合。很多研究得出的结论与此相同，这有力地支持了好基因假说。

然而，令人感到惊讶的是，最近这个假说中竟有了修正主义的影子。英国谢菲尔德大学的埃玛·坎宁安（Emma Cunningham）和安德鲁·拉塞尔（Andrew Russell）对鸭子进行了研究，并将成果发表在了《自然》杂志上。他们发现，对雌性鸭子特别有吸引力的雄性鸭子，其后代具有显著的可增加其存活率的特质。这进一步支持了好基因假说。然而，这是什么特质呢？当雌性鸭子与更有吸引力的雄性鸭子交配时，会产下个头更大的蛋，这对其后代而言无疑是有益的。但蛋的大小是由雌性决定的，而非雄性。当雌性与更有吸引力的雄性交配时，它们得在怀孕期间投入更多精力来使后代更有可能存活。当坎宁安和拉塞尔人为控制蛋的大小时，最具吸引力和最不具吸引力的雄性鸭子的后代之间的存活情况并无二致。

在发表于《科学》杂志上的一项类似的研究中，苏格兰圣安德鲁斯大学的迭戈·吉尔（Diego Gil）及其同事对斑胸草雀进行了研究。他们发现更有吸引力的雄性的后代会乞求更多的食物，长得也更快，并且一旦羽翼丰满就更有可能处于主导地位。这究竟是怎么一回事呢？科学家们还发现，当雌性与更有吸引力的雄性交配时，它们会诞下含有更多促生长激素的蛋。西班牙埃斯特雷马杜拉大学的费利克斯·德·洛普（Felix de Lope）和法国皮埃尔和玛丽·居里大学的安德斯·莫勒（Anders Moller）的一项研究表明，当雌性家燕与更有吸引力的雄性交配时，它们会更加细心地照顾诞下的雏鸟。

所有这些实际上都是霍格伦和伦德伯格所揭示的从众效应的逻辑延伸。首先，尽管你不怎么看得上某种特质，但如果物种中的雌性都"想"跟具有这种特质的雄性交配，那么与之交配仍然符合你的最佳遗传利益，这样你的子孙后代就有了理想的特质。如果你所在的物种中的每一位都"知道"更有吸引力的雄性会产生携带更好基因的后代，并且如果你与有吸引力的雄性完成了交配，那么尽可能细心地抚育这些后代，将符合你的最佳遗传利益。

要弄清楚雌性是如何知道与自己进行交配的是更有吸引力的那个雄性，并因此对这个雄性的幼崽进行更为悉心的照料，并不容易。这种不知存在于鸟类大脑中的哪个层次的"知识"是如何转化为在腺体中合成更多的生长激素的，又是如何令其心甘情愿地费尽心思抚育后代的，仍旧是个谜。

对蛋的大小、蛋中生长激素含量和亲代投资的研究给美貌或好基因假说带来了严重的问题。当坎宁安和拉塞尔发现，伴侣更有吸引力的雌性会产下更大的蛋时，起初这一现象显示出的是这样一种可能的逻辑："谁都知道，更有吸引力的雄性会产生拥有更好基因的孩子，所以我必须确保这些孩子能够存活下来。"但研究人员随后发现，父亲的吸引力对后代是否成功孵化、存活或生长并无影响。也许好的基因的确不存在。

坎宁安和拉塞尔等人的研究并未表明更有吸引力的雄性拥有更好的基因的理论是错的。在大多数情况下，事实很可能正是如此。不过这些发现为我们观察到的现象提供了一个重要的替代性解释（当然后续相关研究都表明事实并非如此）：有吸引力的雄性的后代更为健康，是因为雌性给予了更加细心的抚育吗？

因此，我们还需要进行更多研究，既要了解亲代的投资因素在多大程度上混淆了所谓的好基因的实例，还要了解雌性对后代的差异化投资背后的生理学因素，以及这与父亲的吸引力之间的关系。与此同时，令人不解的是，尾羽较长的雄性行动起来更不方便，这已经够糟糕的了，却还一再被误认为是拥有更好基因的表现。这公平吗？

这种"自我实现的预言"（self-fulfilling prophecy）式的情况随处可见。每个人都"知道"男生天生就比女生更擅长数学，而研究表明，在数学成绩相同的情况下，男生比女生更容易受到老师的表扬。你知道吗，到了高中，男生在标准化数学考试中的成绩会比女生的好。这是由生物学方面的差异还是环境的不同导致的？这里还有一个我觉得很有趣的例子（来自医学人类学文献）：在某些传统文化中，每个人都"知道"萨满能够导致人因巫毒而死亡（也称为心理生理死亡）。所以，当有人对他施以巫毒诅咒时，大家都认为他已经死了，便不再给他提供食物（不能浪费有限的资源）。就这样，他会因身体虚弱和这样或那样的疾病而死亡。那么，是巫毒诅咒的功效还是这种额外的干预导致了他的死亡？没有答案，但可以肯定的是，萨满的巫术费会因此而上涨。

我们不难看出，在人类非逻辑性的各领域，此类困惑层出不穷。看到雌性野鸭和斑胸草雀因此类显而易见的缘故而坠入爱河，我感到很沮丧。其实，动物们应该更清楚原因何在。

注释和延伸阅读 ————————————————————

从生物学角度来看，人类可能并非完全的对偶制（一夫一妻制）：Barash D and Lipton J, *The Myth of Monogamy: Fidelity and Infidelity in Animals and People*(New York: Owl Books, 2002)。

关于戴维·巴斯的著名的研究，可参阅：Buss D, *The Evolution of Desire: Strategies of Human Mating* (New York:

Basic Books, 1994)。

关于罗纳德·菲舍尔的假设，可参阅：Eshel I, Sansone E, and Jacobs F, "A long-term genetic-model for the evolution of sexual preference: the theories of Fisher and Zahavi re-examined," *Journal of Mathematical Biology* 45 (2002): 1。

关于罗伯特·布鲁克斯等人的研究，可参阅：Brooks R, "Negative genetic correlation between male sexual attractiveness and survival," *Nature* 406 (2000): 67。

关于雅各布·霍格伦等人的实验，可参阅：Dugatkin L and Godin J, "How females choose their mates," *Scientific American*, April 1998, 56。

关于威廉·唐纳德·汉密尔顿和马琳·朱克的研究，可参阅：Hamilton W and Zuk M, "Heritable true fitness and bright birds: a role for parasites?" *Science* 218 (1982): 384。

关于阿莫茨·扎哈维的观点，可参阅：Zahavi A, "Mate selection-a selection for a handicap," *Journal of Theoretical Biology* 53 (1975): 205。

关于雌性会改变蛋的大小，可参阅：Cunningham E and Russell A, "Egg investment is influenced by male attractiveness in the mallard," *Nature* 404 (2000): 74。

关于雌性会改变其后代睾酮的量，可参阅：Gil D, Graves J, Hazon N, and Wells A, "Male attractiveness and differential testosterone investment in zebra finch eggs," *Science* 286 (1999): 126。

雌性会根据雄性的魅力值而改变亲代投资：Lope F and Moller A, "Female reproductive effort depends on the degree of ornamentation of their mates," *Evolution* 47 (1993): 1152。

第 2 部分

身体与我们是谁

Monkey-luv

任务 1：稍事休息，花几分钟时间放松一下。倚靠在椅背上，抛开脑海中的那些没完没了的担忧和纷争，深吸一口气，屏住呼吸，然后再慢慢呼气。重复做几次，感受肌肉的松弛，此时脸庞不再紧绷，心跳有所减缓。然后快来想一想下面这个事儿：

心脏终有一天会停止跳动。

不要止步于此。好好想想这一事实，想想心脏是如何慢慢停止跳动的、血液是如何停止流动的、大脑是如何因缺氧而停止运行的，而你的脚趾和手指又是如何变成紫色的。

现在想想这是什么感觉。如果你跟我一样，那么你会感到心跳加速，从胃部到胯部都会有一种奇怪而冰冷的恐慌感，并且喉咙会有点紧缩感，让你忍不住想啜泣或呕吐。

这时，你所做的正是本书这一部分的两个要点之一：有时，你仅通过想象就可以改变身体中每个细胞的功能。

任务 2： 接下来，考虑以下 3 件事：

- 来一次月经。
- 服用合成代谢类固醇 [①]。
- 狂吃垃圾食品。

这 3 件事之间有何共同点？

你可以试着猜一下答案。它们是否都与生物学有关？好吧，也对，算是一个还说得过去的答案。它们均与行为、情绪或情绪性行为之类的有关。这已经很接近标准答案了。

不猜啦？以上的每一条都是辩护律师用来为暴力犯罪开脱的理由。[②] 本书这一部分的另一个要点是：有时你要做的仅仅是改变身体状态，改变某些激素、营养素及免疫因子的水平，就可以使你的思考方式和情绪表达方式发生变化。

我们的大脑和身体交织在一起，它们具备相互调节的能力，这已是现代生物学的一个核心概念。现在，认为我们的心智完全凌驾于生

---

① 这是与睾酮有关的雄性类固醇，常被举重运动员滥用。

② 旧金山人不在此列，他们对垃圾食品的定义是最不明确的。1978 年 11 月下旬，失意的求职者和政治不满者丹·怀特（Dan White）谋杀了旧金山市市长乔治·莫斯科尼（George Moscone）和城市主管哈维·米尔克（Harvey Milk）。其代理律师在审判中提出的一条辩护理由是，怀特食用的垃圾食品导致其血糖发生了急剧变化，进而削弱了他对自己的行为的意志控制（即臭名昭著的"奶油蛋糕辩护"）。尽管怀特被判犯有谋杀罪，但人们普遍认为其判罚刑期过短。

物的细胞、细胞器和分子等具体组成之上的二元论者已经很少了。我们是由这些细胞组成的，我们的大脑和膀胱一样，都是基本的生物器官，前者由大脑皮质上的一些奇特的涡轮加速式神经元组成，后者由膀胱壁上的一些肌肉细胞组成，它们之间的共同性远大于差异性。大脑只是另一个器官，它虽然很奇特，但只有在生物体中才能发挥作用。正如神经学家安东尼奥·达马西奥（Antonio Damasio）[1] 所说："精神是身体的具体表现，而不仅与大脑有关。"

大脑改变全身功能的方式有很多种。一种很明显的方式是，大脑通过随意神经系统向骨骼肌发送指令，这时你的身体立刻就会做出握手、签支票、兔子跳等动作。

然后是不随意神经系统（也被称为自主神经系统），大脑会通过它以通常没有太多意识调节的方式来控制你的身体。因此，当你想到人终有一死时，会脸红、恐慌，或做出一系列"自主反应"。那些来自大脑的神经元接线形成了自主神经系统，然后映射到各种意想不到的地方。一些会沿着脊椎扩展到骨骼，这是我们的身体中最稳定的"前哨"，并影响骨骼重塑这一令人叹为观止的过程。还有一些则分别延伸至四肢中数百万个微小的、退化的毛囊中，因此我们会起鸡皮疙瘩。剩余的则延伸到我们的免疫器官，这是一门全新的科学学科——心理神经免疫学的基础，该学科的研究主题是大脑调节我们的免疫防御的方式。

---

① 安东尼奥·达马西奥是当今世界公认的神经科学研究领袖，当代最杰出的心理学家之一。他以情绪为出发点，从演化的角度重新阐释了人类意识产生的路径，其研究成果被各学科研究者广泛引用。其代表作《万物的古怪秩序》《当自我来敲门》等的中文简体字版已由湛庐引进，分别由浙江教育出版社、北京联合出版公司出版。——编者注

然后是大脑通过分泌激素调节身体的能力。大脑原来是一个内分泌腺，是一个主腺体〔大约在 1950 年，《读者文摘》(*Reader's Digest*) 科学栏目曾把此头衔颁给了垂体〕，它会释放大量的激素，进而指导身体其他部位的内分泌腺体发挥功能。

接下来考虑下相互作用的脑循环 / 体循环的另一方面，也就是身体状态是如何影响大脑的。这一点早已为人所知。数千年前，有人做了一项可能是心理神经内分泌学领域的首个实验，即阉割一头公牛，从而证明睾丸分泌的某些东西与雄性的暴脾气有关。长期以来，人们一直认为大脑的某些部分相对地不会受到身体状态的影响。此观点认为，这个享有特权的区域是皮质，这是最能代表大脑的那个部分。当然，大脑中掌管情感的区域充满了激素，但皮质曾被视为一个闪闪发光、不会生锈、不受影响的区域，一半是计算器，一半是客观的哲学之王。研究表明，把情感和认知（以及分别负责这两个功能的大脑区域）分开来看是完全错误的，达马西奥在《笛卡尔的错误》一书中对此进行了阐述。

其实，身体状态会影响大脑功能的方方面面。无论你的大脑是更擅长捕捉某个模式的局部细节还是全局特征，你血液中的性激素类型和水平都会改变它。免疫系统释放的化学信使会增加患抑郁症的风险。压力激素会改变大脑的一个关键部位前额叶皮质的功能，以及你在做决定时的审慎程度。在遭遇创伤之后，血压及其他自主措施会影响你患创伤后应激障碍的可能性。甚至像血糖水平这样稀松平常的东西也会改变你记住某些信息的难易程度。

大脑与身体之间相互作用的各种方式，以及大脑在哪些方面只是作为一个生物器官而存在，均是本书这一部分的主题。《为什么梦是梦的形状》这篇文章是 2001 年发表在《发现》上的，介绍了大脑的关键部分前额叶皮质，以及我们每个人每天多次出现大脑功能完全失调、罢工和停顿的机制。《也许快乐也许痛苦》这篇文章是 2004 年发表在《博物学》上的，文章延续了前额叶皮质这一主题，并探讨了它与自律、延迟满足之间的关系。

《剖析坏心情》《压力和萎缩的大脑》两篇文章重点关注的是身体是如何影响大脑的。《剖析坏心情》是 2003 年发表在《时尚健康·男士》(*Men's Health*) 上的，这篇文章的主题是你的自主神经系统是如何让你在人际关系中做出愚蠢的事的，又是如何让你的大脑在事实并非如此时，使你产生情感受到重创的感受的。《压力和萎缩的大脑》是 1999 年发表在《发现》上的，这篇文章的关注点更具悲剧性，它的研究主题是身体在承受压力时释放的一类激素是如何损害某些类型的创伤后应激障碍患者的大脑区域的。这一发现可能与"9·11"事件所造成的大量人员伤亡之间有一定的联系。

《大脑中的 bug》这篇文章是 2003 年发表在《科学美国人》上的，研究了一个真正奇怪的例子，探讨了大脑是如何受到外部世界的影响的。在这种情况下，大脑的功能不受血液中某些激素或营养素的影响。相反，大脑功能的某些方面受到进入大脑的寄生虫的控制。这太可怕了。

《父母的孟乔森综合征》这篇文章是 1999 年发表在《科学》上的，研究的是一种与大脑改变身体的某些方面有关的疾病。这个案例所涉及的是一个患有严重且奇怪的疾病的大脑，这会使身体抵抗力差的人患病。

第7章 为什么梦是梦的形状

/

你发现自己百无聊赖地端坐在宴会桌旁，心中有些不快，因为周遭的人都在说着一种你听不懂的语言。突然，你察觉到有什么东西压着你的脚，在桌子下面，某人的脚正踩着你。当你抬起头时，正好与坐在你对面那位散发着魅力的人四目相对。你本能地意识到若想吸引到这个人，现在就必须说些什么。于是你说："黏液。"紧接着那个人站了起来，突然间，其他人都消失了，桌子和你的衣服全都不见了。然后，你们满怀激情地纠缠在一起，这未免也太奇怪了。你们两个人都飘在空中，相距甚远，云彩掠过你的脸庞，使这种感官体验更加强烈了。然而，你突然间开始羞愧地抽泣，因为你已故的祖父母看到了你，他们不赞同你这么做。接着，你发现正在安慰你祖母的那位身着黑色礼服、长相严肃的男人正是威廉·苏厄德（William Seward），你以一种异常清晰且莫名的怀旧口吻说道："威廉·苏厄德，是安德鲁·约翰逊（Andrew Johnson）当政时的美国国务卿。"

你知道，这只是一个梦。

正如肾脏是肾形器官一样，梦也是梦幻般的。但为什么会这样呢？在现实生活中，不可能前几秒还被人压着脚，后几秒就与这个人一起漂浮于云端。相反，通常情况下你会在关键时刻感到他其实有点神经质，或者注意到卡在他牙缝里的一丁点儿菠菜，或是突然想起你忘了关车灯。相比之下，梦的特点不仅在于场景的快速转变，还在于其高度的情绪化。在梦里你似乎可以为所欲为：你不仅会做一些在现实生活中不会允许自己做的事情，还会做一些在你思虑数秒后根本不想做的事。

关于梦的效用的理论有很多。或许梦是众神与凡人对话的渠道。又或者这是一种很好的，可以在完全不受压抑的情况下了解你对自己母亲的真实看法的方式。或许这是让你的大脑以一种非常规的、垂直的方式来解决你睡觉前思考的那个让人讨厌的数学问题的方法。又或者这就是让你未充分利用的神经通路保持活跃的法宝（这个理论已流传了一段时间：如果你整天都在调用大脑中那些理性的、敏感的通路，你就需要通过做梦来让那些杂乱无章的神经元做一下有氧运动，以免它们因长期不用而萎缩）。或许你可以做个春梦，对象是工作单位里的某个不太可能的人，然后第二天你会在水吧与其闲聊或遇见时，因脑中的情节挥之不去而显得神经兮兮。或许，梦的演化是为了让超现实主义者和达达主义者能得以生存。

你的大脑是如何产生这种天马行空的意象的？尽管科学家们对梦的具体细节还知之甚少，但我们已经知道睡眠是有层次和架构的。如果你愿意，你可以在夜晚的深度慢波睡眠期间穿插与做梦密切相关的快速眼动睡眠。在不同的睡眠阶段，大脑的活动水平并不是一致的。可以显示脑内电总体兴奋程度和活动水平的技术揭示了一些非常直观的现象：在深度慢波睡眠期间，大脑活动的平均水平会下降。这与表明慢波睡眠的主要目的是补充大脑的能量储存（如同众所周知的电池充电那般）的研究非常吻合。但在快速眼动睡眠期间，在刚进入梦乡时会发生一些非同寻常的事情：脑内电活动大幅增加。这也有一定的内在逻辑关系。

脑成像技术的进步使科学家不仅仅能研究整个大脑，还能够研究构成大脑的小的子区域的活动和新陈代谢。美国国家卫生研究院的艾伦·布朗（Allen Braun）及其同事对睡眠期间的新陈代谢进行了一系列神经解剖学研究。我想他们可能已经找到了梦为何如此梦幻的原因。

研究人员利用正电子反射断层扫描术（PET）来测量流经大脑的各种血流速率。大脑的一个显著的适应性特征是，当某一特定区域的活动水平增加时，该区域的血流量会随之增加。换言之，能量需求与能量供应相一致。因此，大脑某一特定区域的血流变化可作为该区域活动水平的间接指标。这就是显示血流的 PET 扫描会对此类研究大有裨益的原因所在。

布朗及其团队招募了一些愿意舍弃 24 ～ 53 个小时睡眠时间的志愿者。随后用 PET 扫描仪对每位睡意蒙眬的志愿者进行扫描，并强迫他们持续保持清醒，同时进行基准 PET 扫描。接着，就像蜷缩在扫描仪里的虫子一样，每位被试终于可以睡觉了，但扫描还在继续。

随着被试进入慢波睡眠，观察到的血流变化很有意义。大脑中与唤醒相关的部分，即网状激活系统被关闭；控制肌肉运动的大脑区域也是如此。有趣的是，负责巩固和调取记忆区域的血流量和新陈代谢并没有明显减少。然而，将信息传入和传出这些区域的通路却突然关闭了，阻断了其新陈代谢。大脑中最先对感觉信息做出反应的部分有停止代谢的迹象出现，但更显著的变化发生在整合、关联那些赋予其意义的感觉信息字节的下游大脑区域。这样形成的结果是：新陈代谢停止，大脑处于睡眠状态。

在扫描仪控制台上的科学家等待时机的同时，睡眠中的被试终于转变为快速眼动睡眠。然后，扫描图像发生了变化。整个大脑区域的代谢率都呈上升趋势。调节肌肉运动的皮质和皮质下区域、控制呼吸和心率的脑干区域的代谢率也都上升了。在大脑中与情绪有关的被称为边缘系统的那一部分也有所上升。涉及记忆和感觉处理的区域也是如此，尤其是涉及视觉和听觉的区域。

与此同时，与视觉处理相关的大脑区域发生了一些特别微妙的事情。初级视觉皮质区域的新陈代谢率并没有显著上升，而整合简单的视觉信息的下游区域的新陈代谢率却出现了激增。初级视觉皮质区域与处理视觉的第一步有关，即将明暗像素的模式转变为直线或曲线之类的模式。相比之下，下游区域负责将那些直线和曲线转化为对物体、面部、场景的感知。通常，如果初级处理区的活动不增加，下游区域的活动也不会增加。换句话说，当你完全清醒时，如果不先进行初步分析，就无法用眼睛看到复杂的图像。但快速眼动是一种特殊情况，无须运用眼睛。相反，你会从视觉模式的下游开始集成视觉图像。布朗及其同事们的这种猜测极具说服力，道出了是什么构成了梦的意象。

因此，在快速眼动睡眠期间，大脑多个部分的新陈代谢率均会上升。在某些区域，代谢率甚至会比清醒时还要高得多。大脑中的一个被称为前额叶皮质的区域是个例外。我认为这个例外对于梦幻般的梦而言，简直妙不可言。在前额叶皮质之外，所有与边缘系统最密切相关的大脑区域都显示，随着快速眼动睡眠的开始，新陈代谢率会上升。而在前额叶皮质中，其4个子区域中只有一个区域的代谢率上升了。该区域的其余部分都处于慢波睡眠期间的那种代谢不活跃状态。

考虑到前额叶皮质的功能，这种现象十分耐人寻味。与现代哺乳动物大脑相比，人类的大脑有许多独有的特征。其感官输入和运动输出十分合拍，就像能在钢琴上弹奏出一串和弦的琶音一样。通过边缘系统，某些在其他哺乳动物中不可能发生的事情出现在了人类身上：女性不仅仅是在排卵期，而是在整个生殖周期中都可以进行性行为。人类大脑中巨大的皮质创造了交响乐、微积分和哲学，而皮质和边缘系统之间众多非典型的互联造就了可怕的人类属性，即认为自己陷入抑郁的能力。

然而，在很多方面，人类大脑最独有的特征是前额叶皮质的发育程度和潜力，当然该区域在快速眼动睡眠期间仍处于代谢抑制状态。前额叶皮质在保持自律、延迟满足和控制冲动方面发挥着核心作用。用富有幽默感的话来说就是，它是大脑中防止你在婚礼过程中大声打嗝的那个部分。在更深的层面上来说，它能防止愤怒的想法转变成伤人的言语，也会防止暴力幻想转变成难以启齿的行为。

其他物种没有前额叶功能不足为奇，毕竟小孩子也没有；前额叶皮质几乎是大脑所有区域中最后一个发育完全的部分，它需要几十年才能发育完全。暴力反社会者的前额叶区域似乎并没有充足的代谢活动。且前额叶皮质的损害，如在经历某类中风之后，会导致不受控制的"额叶"人格。有这些损伤的人可能会变得麻木不仁、幼稚愚蠢、性欲亢进、极其好战、污秽不堪或亵渎神明。

布朗及其同事们发现，在快速眼动睡眠期间，大部分前额叶皮质处于离线状态，无法执行其在清醒时履行的材料审查任务，而大脑中与情绪和记忆有关的复杂感觉处理区域则高度活跃。

让我们开始做梦吧，享受这种肆意妄为和情绪变幻的梦境吧。你梦到在水下呼吸，在空中飞翔，依靠心灵感应进行交流；你向陌生人示爱，发明语言，统治王国；你甚至还出演了巴斯比·伯克利（Busby Berkeley）的音乐剧。

请注意，即使事实证明快速眼动睡眠期间前额叶代谢的抑制，可用来解释梦的不受控，它仍然没有解释为什么有些人的大脑会在快速眼动期间沉浸于伯克利的音乐剧。梦的具体内容仍然是个谜。此外，如果属实，这种猜测将构成科学的经典特征之一：在解释某事时，你只是重新定义了未知。如果问题"为什么梦如此不受控"的答案是"因为前额叶皮质区在快速眼动睡眠期间尤为不活跃"，那么问题俨然就变成了"为什么前额叶皮质区尤为不活跃"。

正如在生命系统中可以被研究和测量的任何其他事物一样，不同个体的前额叶皮质活跃程度也存在相当大的差异。如前所述，反社会者的前额叶区域的代谢率似乎会有所下降。另一方面，威斯康星大学的理查德·戴维森（Richard Davidson）及其同事们观察到，具有"压抑性格"的人的前额叶代谢率在上升。他们是一群高度自控的人，而且特别自我，会全力以赴、加班加点地使其精神括约肌保持良好且紧绷的状态。他们不喜欢新鲜事物，而偏好条条框框和自主可控，也不善于表达情感或解读他人情感的细微差别。这些人甚至可以说出他们从周四开始两周以来的晚餐是什么。

这让我想到了一个似乎从布朗及其同事们的发现中自然而然得出的观点。有关反社会/压抑的数据来自针对清醒着的个体的研究。最可以肯定的是，在快速眼动睡眠期间，前额叶皮质的功能也会因人而异。虽然前额叶代谢通常会在进入快速眼动睡眠的过程中保持不变，但也有例外。因此我怀疑，在快速眼动期间前额叶代谢越受抑制，梦的内容就越生动且越不受限制。最好能对清醒和睡眠期间的前额叶代谢进行比较研究。清醒时前额叶皮质最活跃的人在睡眠期间最不活跃吗？这当然符合精神分析的旧水力模型，即你在白天拼命压抑的一些重要的东西，会在梦中得以呈现。

我偶然听到医学院的学生用一句俏皮话来表达他们对精神病学课程的典型蔑视："你这学期都上了些什么课？""哦，病理学、微生物学、药理学，以及必修的激光心理治疗研讨会。"最后一个必定是一种古怪的矛盾修辞手法。与心理治疗相反，激光之类的东西等于高科技，是谈话疗法中含有轻蔑意味的低技术含量的手段。因此，学生会说："他们强迫我们和这些精神病学家们一起上课，这些人试图把他们的东西粉饰成现代科学。"如果一台价值不菲的脑部扫描仪可以减少人们对看似过时了的弗洛伊德压抑概念的支持，这难道不是一个莫大的讽刺吗？

注释和延伸阅读

有关睡眠神经生物学的非技术性介绍，可参阅：Sapolsky R, *Why Zebras Don't Get Ulcers: A Guide to Stress, Stress-Related Diseases and Coping*, 3rd ed. (New York: Henry Holt, 2004)。

关于睡眠期间的新陈代谢，可参阅：Braun A, Balkin T, Wesensten N, Gwadry F, Carson R, Varga M, Baldwin P, Belenky G, and Herscovitch P, "Dissociated patterns of activity in visual cortices and their projections during human rapid eye movement sleep," *Science* 279 (1998): 91。

关于额叶皮质，可参阅：Paus T, Zijdenbos A, Worsley K, Collins D, Blumenthal J, Giedd J, Rapoport J, and Evans A, "Structural maturation of neural pathways in children and adolescents: in vivo study," *Science* 283 (1999): 1908。

第 8 章　剖析坏心情

／

鉴于这篇文章最初发表在《时尚健康·男士》杂志上，文章中的主角"你"，是一位异性恋男性。读者可根据实际情况做出一定程度的延伸。

情况是这样的。你因为对另一半做了一些愚蠢、自私和麻木不仁的事，惹怒了她。于是你们开始争辩。一开始你还试图为自己辩解，结果却让事情变得更糟了。

在激烈的交锋过程中，你会反思自己所做的事情，换位思考，然后意识到自己原来是一个彻头彻尾的混蛋。你开始道歉，表现出一副诚心实意的样子。的确，你是真心实意的。

她接受了你的道歉，趾高气扬地甩下一句"不要再有下次"。你开始窃喜不已，你觉得自己轻而易举地就化解了这次危机。她那趾高气扬的样子甚至让你想到了性。你不禁朝卧室望去。唔，事情翻篇，自然值得庆幸。

接下来，她突然因几年前你做过的一些陈芝麻烂谷子的小事（要么是你忘做某件事了，要么是她发现你做了某件事）而挑起争端。这与你刚做的那件蠢事无关。你对她提到的那些事毫无印象。但她记得每一个细节，并且想要在紧张情绪消散之际，仔仔细细地跟你再重新分析一遍。

这是怎么回事呢？为什么你有时也会这样做？并不是因为你们无意地破坏这段关系，也不是因为你们想要从争执中获得一些难以言喻的乐趣，只是因为你们的边缘系统和自主神经系统不合拍。

竟是这样？

这一切都与心理学家和哲学家威廉·詹姆斯（William James）有关。是的，这位逝世于20世纪初且被用来给大学大楼冠名的白人男性的洞见，改善了大家的生活质量。詹姆斯对大脑决定我们的情绪的方式进行了推测。当发生一些事情的时候，大脑会做出情绪反应，如愤怒、欣喜、兴奋、恐惧等。然后大脑会告诉身体该作何反应，如心跳加速、呼吸加快、起鸡皮疙瘩、勃起等。这些反应是由自主神经系统控制的，它与全身的自动（即自主）反应相关。

这说得通。但詹姆斯有一个迥然不同的疯狂想法。他认为，决定你所思所想的是你身体中的自主神经反应，而不是大脑。

在詹姆斯看来，大脑评估情况的速度太快了，以至于你无法清晰地认识到自身的感受，并迅速让身体与之所产生的自主反应相一致。接下来，你的大脑会对你的身体进行扫描，看看它是如何对外部刺激做出反应的。因此，有意识的情绪不会影响自主身体反应；相反，自主身体反应塑造了你所感受到的有意识的情绪。

这似乎有些奇怪，与詹姆斯同时代的很多人都认为这像是搞反了。但事实证明，詹姆斯的想法在很多时候都是正确的。自主神经系统可能无法完全决定你所感受到的确切的情绪类型，但它与情绪强度有着千丝万缕的联系。

现在，可以证明这一点的证据很多。针对四肢瘫痪者（身体瘫痪且触觉丧失）的研究表明，他们的情绪也会变得迟钝。患有影响自主神经系统疾病的人也是如此，他们有正常的触觉，可以像其他人那样体验快乐、愤怒和恐惧，他们只是无法对这些情绪做出无意识的身体反应。在感到恐惧时，他们并不会心跳加快，也不会被吓出一身冷汗。在感到难过时，他们不会哭泣。在生气时，他们的肌肉也不会紧缩。与常人相比，他们表露情绪的时候更少。

实验的研究结果也表明了这一点。如果你强迫某人一遍又一遍地做出某种饱含情绪的面部表情，他便会感受到与该表情一致的情绪。例如，当抑郁症患者被要求反复微笑时，他们通常会产生更好的感觉。在几年前的一项实验中（法律已禁止此类实验），研究人员秘密地给志愿者们注射了调节全身情绪的主要激素肾上腺素。结果如何？他们的情绪表现得更为强烈了。与只注射生理盐水的被试相比，当被试和（秘密参与实验的）性格外向且爱交际的人一起进入候诊室时，会变得更为外向。与对照组相比，当注射了肾上腺素的被试与一个愤怒暴躁的人共处一室时，也会变得更加愤怒暴躁。

或许詹姆斯理论的最佳示例应该是某种最常见的处方药（一种用于控制情绪的药物）。假设你一直在担心失眠和无法集中注意力的事，医生可能会给你开一种抗焦虑药，即一种轻微的镇静剂。与此同时，在城市的另一端，有一批恰巧在大赛前受伤的运动员，正遭受着肌肉痉挛的折磨，医生或许会为他开一种肌肉松弛剂。令人惊讶的是，肌肉松弛剂和抗焦虑药是同一种药物（如安定或利眠宁）。为何同一种药物对这两种情况均有效？因为，正如詹姆斯所说的那样，紧缩的肌肉在给大脑释放信号，于是大脑觉得你太过焦虑了。安定类药物最直接的作用是减缓肌肉紧张。服药数小时后，你的生活仍糟糕，但多亏了这种肌肉松弛剂，你的身体才变得如此松弛，松弛到几乎无法坐直。这时，不知为何，你会得出结论：好吧，如果我觉得自己像个果冻……也许事情并没有那么糟糕。这样你就不会那么焦虑了。

　　所以，让我们为詹姆斯教授喝彩。你感受到的情绪强度是由你身体中正在发生的自主神经活动决定的，但这与你女朋友因几年前的事而与你争吵有何联系？你们的争吵在当时就已经结束了。

　　关键在于你的大脑和身体其他部位步调不一致。假如你正穿梭于人群中，这时有人从背后用力地撞了你一下，并且还碰到了你的脚背。你肯定想转身骂一句："混蛋。"但当你看到了墨镜和手杖后，便立刻意识到了，他是个盲人，所以他才会撞到你，这没什么大不了的。在这个情境中，你的思绪极速转换。

　　还有另一个例子。你正在打壁球，思绪瞬息万变：向左移动，他会调整角度；不，他不会；攻死角。你的由大脑边缘系统的一部分控制的情绪评估，也在以这种节奏变换：伙计，我打得很好；该死，就要接不住了；我打得很差劲；哇，太棒了，我真是太棒了；啊，不，我并非……

你的边缘系统几乎随时都在进行移动和切换。然而，至关重要的是，你身体的自主部分就像卡车那样，它们会逐渐加快速度，且需要很长时间才能停下来。身体分泌肾上腺素，心跳会加速，汗腺得以激活。促使这些变化的想法来了又走，而肾上腺素得在一段时间后才能从血液中被清除，心脏也需要一段时间才会放缓速度，等等。

因此，在你做了蠢事时，她会很生气。这对于她来说是一个认知事件，她的大脑皮质认为这是很不适宜的行为。这对于她来说也是一个情感事件，她的边缘系统正在深思："这个混蛋，我恨不得勒死他。"随即，这对于她来说又变成了身体事件，因为她的自主神经系统促使她心跳加速，使其肌肉因愤怒而紧缩。

最终，你道歉了。而且，这将被归结为一个认知事件。其涉及的神经通路可以很快逆转，但触发的身体反应仍在持续。詹姆斯的理论使你脑海中她那趾高气扬的模样渐渐淡去。她知道事情已经得到了解决，毕竟，你道歉了。但如果心跳仍然很快，所有其他的自主神经负担仍在疯狂地运转，那么身体似乎还没有感觉到事情已经得以解决。大脑填补了一个解释性真空：嗯，我知道他道歉了，但既然我仍然感到不安，那肯定还有别的让我不高兴的事。啊，我知道了，是他3年前做的那件无理的事……真是个混蛋。她猛地跑开了。

当然，性别差异会让事情变得更糟。性唤起也是由自主神经系统调节的：平均而言，男性比女性更易唤起性欲，但当结束时，女性的激情更难退却，这就解释了为何结束后她想听你说悄悄话，而你只想去找个可以吃中餐的地方。虽然这项研究还不够深入，但似乎在各种无性情况下，男性的自主神经系统恢复到基准线的速度都比女性快。因此，虽然男性完全有能力"在双方认为争论已经告一段落之时，却又开始对几十年前的旧事进行毫无意义的审视"，但女性或许更有可能这样做。

那该怎么办呢？我们将如何推销"詹姆斯自助关系指南"？答案很明显。那就是尝试用自念来抵消自主神经系统的侵袭。怎么做？显然没那么容易。不过，还有各种笨拙的暂停技巧可以尝试：在你回答之前，先进行深呼吸，或者停下来数到十；制订一个规则，规定必须坐下来进行争论（这会减缓肾上腺素的分泌）。或者运用认知手段，即与她讨论这个自主唤醒的事情，这样你们就可以尽量简化这种现象："嘿，我们这里有威廉·詹姆斯时刻吗？"

如果你的腺体诱导你编造一些不存在的问题，那么你们就有得吵了。

注释和延伸阅读

各类心理学入门教科书中都有关于威廉·詹姆斯及其思想的内容，而与自主神经系统的运作方式相关的内容则可参阅各生理学入门教科书：Zillmann D, "Cognition-excitation interdependencies in aggressive behavior," *Aggressive Behavior* 14 (1988): 51。

两性关系中的弱点这一主题让我忍不住想推荐这么一部佳作，它与生理学无关，关注的是由两性之间的沟通方式的不同所导致的严重后果：社会语言学家黛博拉·泰南（Deborah Tannen）的著作《听懂另一半》（*You Just Don't Understand*），它是所有新婚夫妇的必读书目。

第9章 也许快乐也许痛苦

夏日的一个清晨，生活在东非塞伦盖蒂草原的狒狒乔纳森步丽贝卡后尘，不幸离世。此前，我已对狒狒断断续续地研究了25年。当年，乔纳森是一只瘦削的小家伙，刚加入狒狒队伍，很是招人喜欢，而丽贝卡则是一只地位很高的母狒狒的小女儿，自信溢于言表。乔纳森对丽贝卡可谓是一见钟情，为之倾倒。

乔纳森表达心意的方式就是紧跟丽贝卡，在其附近游荡。他想要的可能是社交整饰（social grooming）①，或者是更为亲密的交往。然而，他能得到的也只是进行社交整饰的可能性。不过丽贝卡对他却并不在意。她会坐到阴凉处休息，在地里挖些块茎，和朋友们一起出去玩，但你总能看到那个想给她整饰毛发却饱受冷遇的乔纳森。

按道理来说，如此受挫应该会令乔纳森心灰意冷，用心理学术

① "整饰"（grooming）原指梳洗等装饰外表的行为，例如两只大猩猩常常互相为对方清理毛发。可以说，整饰是一种社交活动，动物之间会通过相互整饰来建立一种亲密的纽带关系。人类亦是如此，握手、爱抚、打闹、拥抱等肢体接触都是"社交整饰"。
——译者注

语，便是会令其行为消退。但是，每隔一段时间（似乎是每周一次），丽贝卡就会有感于此而让乔纳森为自己整饰毛发。有一次，她漫不经心地帮乔纳森整饰了一会儿后背，使他像个孩子一样欣喜若狂，但也只有这些了。可正是这些时不时的小甜头令乔纳森容光焕发，让可怜的他在接下来的几天里更加努力地献殷勤。

整部肥皂剧使我非常沮丧。我独自漂泊在荒无人烟的地带，可能自身也非常需要一些社交整饰；我显然对乔纳森有些移情效应。我在脑海中不禁感叹道："这就是我们伟大人类所拥有的延迟满足能力的非人灵长类动物根源。在这只可怜的傻狒狒看来，哪怕只有一丝成功的可能性，他都愿意一次又一次地进行尝试，这是我们之所以伟大的核心所在。有人会苦苦追求某个事物 50 年，一位痴迷者花费了 10 年的时间用瓶盖建造了一个真人大小的猫王复制品。而我们所有人为了取得好成绩以便能进入一所好大学、找到一份好工作、进入自己想去的疗养院，放弃了眼前的快乐。"

除了自说自话，还有一些重要的问题也随之浮出水面。是什么驱使我们去做更难的事情，遵守纪律并选择延迟满足？还有这个问题的另一面：为什么罕见的、时不时的奖赏，以及与你可能会中彩票相关的暗示，会有如此大的强化效果？为什么赌博那么让人上瘾？我相信，有两项研究对解释这一点会大有帮助。

让我们从前额叶皮质开始。它在灵长类动物的大脑中的面积很大，在人类大脑中所占的比例比其他物种更大。前额叶皮质参与执行控制、延迟满足和长期规划。它通过向边缘系统发送抑制性投射来实现这一功能。边缘系统是一个更深、更古老的大脑系统，涉及情绪和冲动。此外，前额叶皮质擅长抵抗来自边缘系统的刺激性输入，从而忽视了边缘系统的诱人耳语，如"不要为了考试而学习，而应该拼尽全力地学习"。具有严厉、有条理、"压抑"性格的人的前额叶皮质代谢率较高，而反社会人士的前额叶皮质代谢率低于正常人。一个人如果前额叶皮质受损，就会成为一个"额叶"患者：有性瘾、咄咄逼人、产生社交障碍。前额叶皮质是我们拥有的最接近超我神经基础的东西。

所以前额叶皮质也在发挥作用。但我们现在只是重新定义了问题，生成了同一个问题的另一个更明智的版本：是什么赋予了前额叶皮质能量和底气，使其可以无视边缘系统的警报，并有秩序地做更难的事情，以及坚持做很少有回报的事情？早有证据表明，进入前额叶皮质的投射起着重要的作用，这能释放神经递质多巴胺。作为一种与快乐密切相关的神经递质，多巴胺扮演着核心角色。像可卡因这样的药物增加了该通路中的多巴胺信号的传导。动物会疯狂工作，按下杠杆，放弃一切尘世的快乐，以便在这种多巴胺的"快乐"通路中得到电刺激。

那么，何时在该通路中释放多巴胺？最初，似乎有一个显而易见的答案：回应奖励。事情似乎正是如此。以一只猴子为实验对象（在它身上植入电极，你便可以监测多巴胺通路何时会被激活），突然给它一些巨大的奖励，就会诱发一系列的活动。猴子在享受奖励带来的快感的同时，前额叶皮质中充斥着多巴胺。

但随后瑞士弗里堡大学的一位名为沃尔弗拉姆·舒尔茨（Wolfram Schultz）的神经科学家做了一些至关重要的研究。他会训练一只猴子完成一项任务。指示灯亮起，表示奖励期的开始。这意味着如果猴子多次按下控制杆 X，在几秒钟的延迟后，它会得到一些它想要的食物。因此，不难预测多巴胺通路在猴子获得食物奖赏后被激活了。然而事实并非如此。活性在什么时候达到高峰？就在灯亮之后，在猴子完成任务之前。在这种情况下，令人愉悦的多巴胺与奖励无关。这与对奖赏的预期有关，与驾驭、期望和信心有关。这代表着："我知道那盏灯意味着什么。我知道规则是如果我按下控制杆，就能得到一些食物。我对这件事了如指掌。我会做得很好。"快乐在于期待回报，从多巴胺的角度来看，奖赏是意外之喜。

心理学家将预计、期待和争取奖赏的时期称为"欲"期，即充满欲望的阶段，并将开始获得奖励的阶段称为"圆满"期。舒尔茨的研究结果表明，如果你知道你的食欲将会得到满足，那么快乐更多的是与食欲相关而非饱腹感。这种现象让我不禁想起了一位大学同学（他有着剪不断理还乱的各种关系）那尤为愤世嫉俗的评论："一段关系是你为期待它而付出的代价。"

所以我们对那处于无序状态 30 年的神经化学进行了分门别类。一旦那盏灯亮起，多巴胺能的快感就会爆发，所需要的就是进行光照和奖励之间越来越长的时间间隔训练，让那些预期的多巴胺爆发，从而推动不断增加的杠杆压力。北卡罗来纳大学的保罗·菲利普斯（Paul Phillips）及其同事在《自然》杂志上发表了一篇论文，这篇论文填补了这个故事的一个关键部分。他们使用了一些非常奇特的技术来测量老鼠大脑中的多巴胺的毫秒级爆发，并以迄今为止最好的时间分辨率显示，爆发出现在行为之前。然后，在此基础上，他们人为地刺激多巴胺的释放（而不是由光照触发），老鼠突然开始按压杠杆。

多巴胺促进了这种行为。

如果乔纳森和丽贝卡有一个能使其联结在一起的"如果……那么"条款，所有这些似乎都能解释在热带草原上可能出现的场景。乔纳森坐在赤道附近的阳光下打瞌睡。如果丽贝卡从场地的另一端震撼登场，被风吹过的皮毛，所有一切……乔纳森的大脑中会亮起一盏诱人的灯，他的腹侧被盖区变得异常活跃，疯狂地释放多巴胺，使他在大脑前额叶皮质的引导下穿过草地走向她，并预计丽贝卡会让他为自己进行整饰。

然而，这里没有"如果……那么"，只有"如果……也许"。乔纳森继续追求丽贝卡，但这只在有些时候会发生。这种一再强化让他像疯了一般。为什么腼腆有效？为什么时不时地强化比必然之事更有魅力？为什么赌博如此让人上瘾？在发表于《科学》杂志上的论文中，克里斯托弗·菲奥里洛（Christopher Fiorillo）及其同事（包括舒尔茨）通过一项精彩的实验揭示了这一点。

回到之前的场景。灯亮，按下杠杆，获得奖励。现在将丽贝卡场景形式化，引入也许。灯亮，按下杠杆，几秒钟后获得奖励……但只有平均 50% 的可能。就在那个不确定性的支点上，也许是，也许不是。而且，值得注意的是，该多巴胺通路的总体活性增加了。更值得注意的是其运行机制。在是与不是的可能性均等的情况下，灯亮后，多巴胺的量通常会上升，促使杠杆被按下。并且，杠杆被按下后，从多巴胺释放的第二阶段开始，它的量逐渐增加，在奖励即将发生时达到峰值。假设研究人员降低了不确定性和不可预测性的程度：灯亮后，杠杆被按下，此时有 25% 或 75% 的机会获得奖励。请注意 25%

和 75% 的不同之处，因为它们代表了获得奖励的机会的相反趋势。但它们的共同点是，与 50% 的情况相比，它们所承载的"可能性"更少。现在，多巴胺能的活性再次上升，但幅度较小。在不确定是否会有奖励的情况下，释放的多巴胺总量最高。

这就解释了为什么间歇性强化有如此深刻的影响力，以及为什么获得巨额奖励的机会即使无比渺茫，也会令人上瘾，使赌徒们深陷赌场，挥霍掉孩子们的奶粉钱。

上述发现与压力生理学中的一篇文献非常吻合，该文献揭示了"也许"的阴暗面。我们刚刚看到，有可能发生的奖励比完全可预测的奖励更具强化作用。相应地，一个很有可能发生的惩戒可能比一个可预测的惩戒更能使人产生压力。在现实世界中，同样的惩戒内容，不可预测的那个版本会带来压力激素水平和血压更大幅度的升高，以及发生与压力相关的疾病的更大风险。作为一个自然主义的例子，加州大学洛杉矶分校的灵长类动物学家琼·西尔克（Joan Silk）提供的证据表明，雄性狒狒首领练就的技能之一就是有时会完全随机、不可预测地进行野蛮的攻击。恐怖主义的威慑主要在于人们永远不知何时何地会拉响警报。

我们这些大脑皮质较大的灵长类动物总是会费尽心思理解我们周围的世界中存在着的因果关系。理解可能的因果关系并非易事，例如 A 仅在某些时候会导致 B。认知科学和经济学中一个常见的误区是，我们试图以合乎逻辑的方式理解因果关系。但相反，那闪闪发光的、敏感的大脑皮质饱受各种幻觉、激素、情感的影响，这会使理性评估变得非常不合理。因此，我们最终发现可能性惩戒与确定性惩戒相比，更具压力性。另一方面，如果彩票收益足够大，不管概率是多少，我们都会认为自己已经得到了幸运数字，并且很快就会进入社交整饰的极乐之地。

乔纳森和丽贝卡呢？好吧，她仍然对那些地位高、年富力强的雄性更感兴趣，不过他最终还是不再执着于此了。至于几年后，在她处于排卵高峰期的那天，他俩在一起了一整天，这就是另一个故事了。

注释和延伸阅读

关于本章内容的深入研究，可参阅：Phillips P, Stuber G, Heien M, Wightman R, and Carelli R, "Subsecond dopamine release promotes cocaine seeking," *Nature* 422(2003): 614; Fiorillo C, Tobler P, and Schultz W, "Discrete coding of reward probability and uncertainty by dopamine neurons." *Science* 299 (2003): 1898。

关于沃尔夫拉姆·舒尔茨对理解前额叶皮质功能巨大贡献的概述，可参阅：Schultz W, Tremblay L, and Holerman J, "Reward processing in primate orbitofrontal cortex and basal ganglia," *Cerebral Cortex* 10 (2000): 272。

一篇十分精妙的论文表明，前额叶皮质不仅在改变作为预期功能的行为方面发挥作用，而且对懊悔情绪也有一定作用：Camille N, Coricelli G, Sallet J, Pradat-Diehl P, Duhamel J, and Sirigu A, "The involvement of the orbitofrontal cortex in the experience of regret," *Science* 304 (2004): 1167。

人们在想到前额叶皮质在调节和约束我们的预期和延迟满足行为中的作用时，立刻会提出的问题是，当前额叶皮质受损时会发生什么？而且，随着频率的增加，这最终会沦为一个科学与法律体系发生冲突的领域：Sapolsky R, "The frontal cortex and the criminal justice system," Transactions of the Royal Philosophical Society, *Biological Sciences* (2004): 359, 1787.

关于乔纳森和丽贝卡的故事，可参阅：Sapolsky R, *A Primate's Memoir* (New York: Scribner, 2002)。

第 10 章　压力和萎缩的大脑

／

在人们患病时，医生有时会需要对大脑进行 CT 扫描或核磁检查。如果运气好的话，通过检查可以排除患某些严重疾病的可能性，一切都很正常，医生也会毫不犹豫地将扫描结果给患者看。如果患者第一次看这种检查结果，可能会产生不适。与那些令人不解的别的器官扫描图（"嘿，瞧这儿，那是我的肝"）不同的是，脑部扫描图会令人心生敬畏。这就是你的大脑，表面凹凸不平且充满褶皱，内部组成更是神秘莫测。临床医学新生们在解剖课上第一次拿着大体老师的大脑时也会感到同样不安。当神经外科医生切到灰质时，为缓解心中的这种不安，他们会开玩笑道："要开始上钢琴课了。"毕竟，大脑是灵魂的归宿、意识的主宰，是自我意识的器官。人，就是从这团像腌制豆腐一样的组织中产生的。

因此，大多数人都尤为关注自己的大脑状况。因而一旦某个可能会让成人大脑的一部分显著缩小的东西出现时，就变得特别引人注目。观察一个长期酗酒者的大脑时，你会发现其中的一个区域可能已经分解了；对饱受有机毒素侵蚀的人进行尸检时，你会发现其大脑的一个区域已受损。并且从这一点来看，某些类型的严重压力也会导致大脑的某个区域萎缩。

给一群青葱少年换上军装，然后将他们送到战场上，使其身处人类暴力的绝境：如在一场战役中，他是所在部队仅有的几位幸存者之一，并目睹了密友被屠杀。一些稀有的、难以用常理来解释的超人可以从这种经历中走出来，完全不受影响，而且更加不可思议的是他们会越挫越勇，当周遭世界消融的那一刻，当空气似乎都在燃烧时，他们却找到了生命的意义。但是普通人的情况只会很糟。在经历了上述战争中的绝境之后，他可能会饱受噩梦的折磨，并为自己的幸存感到羞愧，与家乡的亲人疏远，因为亲人永远无法理解他所经历的一切。当然前提是他够幸运，能活着从战场上回来。然而即使如此，他的大脑的一部分已经永久受损了。

在第一次世界大战中，上述状况被称为"弹震症"。患此病症的退役军人即使到了 80 多岁，也会在门"砰"的一声关上时仍不禁颤抖，并本能地跳起来寻找掩护。类似的状况在第二次世界大战中被称为"战斗疲劳症"。而现代精神病学将其命名为创伤后应激障碍（PTSD），且致病原因不限于战争创伤。遭受轮奸、童年性虐待或有奥斯维辛集中营经历的幸存者，以及研究表明与"9·11"事件相关的数万到数十万的亲历者，都容易患创伤后应激障碍。

根据美国精神病学协会的说法，创伤后应激障碍患者会遭受数月至数年的记忆闪回、噩梦和其他睡眠问题、情感麻痹或情绪爆发、快感丧失、异常的惊跳反射，以及记忆力下降和注意力涣散等诸多问题。正是最后两种症状的出现，推动了与大脑成像相关的研究。

记忆问题可能源于精细的微观缺陷：一些关键神经元产生或使用特定神经递质的方式出了问题，或者降解神经递质的酶存在问题，又或者是神经递质受体或由其触发的细胞内信使出了差错。然而，一些神经科学家从更为宏观的角度对其进行了考量，他们通过仪器生成了创伤后应激障碍患者大脑的磁共振图像，并仔细测量了大脑这个神秘器官诸多区域的体积。研究人员一丝不苟，对通常与创伤后应激障碍同时出现的抑郁和药物滥用，并对大脑的总体尺寸、年龄、性别和受教育情况等变量进行了控制。耶鲁大学、哈佛大学、埃默里大学和加州大学圣迭戈分校的独立研究小组都发现了同样的情况：在因长期创伤而罹患创伤后应激障碍的患者的大脑中，一个被称为海马的重要区域往往会小于正常水平。报告中所述的由反复且长期的创伤，如战争创伤或童年遭受虐待所引发的创伤后应激障碍的情况似乎不会出现在由单一创伤，如车祸引发的创伤后应激障碍中。

对于内行人来说，这可是个大新闻。几十年来，大脑的某些区域一直像流沙一样"吞噬"了一届又一届热血的学子，他们都无功而返。但是海马这片大脑区域已得到充分探究。它对于形成长期记忆、恢复旧记忆，以及管理有意识的显式记忆来说至关重要。当成对的海马神经元被反复刺激时，它们的连接会变得更加牢固，这些神经元很快便学会了某些东西。通过外科手术破坏海马，就像在无数实验小鼠和一位被简称为 HM 的著名神经病患者身上所做的那样，会完全损坏一些主要类型的记忆。若阿尔茨海默病损坏了海马，就会出现类似的问题。

因此，这些创伤后应激障碍患者的海马比正常人的要小。在大多数研究中，只有海马萎缩了，而大脑的其他部分都是正常的。要知道，萎缩并非小事。例如，哈佛大学的塔玛拉·格维茨（Tamara Gurvits）、罗杰·皮特曼（Roger Pitman）及其同事称，参与他们研究的战争创伤后应激障碍患者的海马一侧的平均萎缩程度超过25%。25%就相当于因情绪创伤切除掉了心脏4个腔室（2个心房和2个心室）中的一个，这很可能是一个严重失衡的海马。埃默里大学的道格拉斯·布雷姆纳（Douglas Bremner）及其同事的研究结果支持了这一观点：通常情况下，当一个人得到一项记忆任务时，海马的代谢率会上升，这表明该大脑区域的能量消耗有所增加。相比之下，同样的记忆任务却不能刺激创伤后应激障碍患者的海马的代谢，这与此类人通常出现的记忆减退的状况非常吻合。

这就是很多人突然达成一致的科学观察。当然，争论的焦点是为什么海马萎缩和创伤后应激障碍会同时发生。

有一种存在了很久的可能解释，被布雷姆纳改造后重新诠释为创伤后应激障碍。其基本前提是创伤或创伤后期的压力导致了海马的萎缩，且很多证据均能表明这种情况会持续存在。无论是生理上的还是心理上的压力，都会使肾上腺分泌大量名为糖皮质激素的类固醇激素（参考第2章）。大多数人比较熟悉的是人用糖皮质激素（即氢化可的松）或合成型糖皮激素（如强的松或地塞米松）。

要想弄清楚什么样的压力会导致海马萎缩，就必须知道这些激素的作用。血液中的糖皮质激素是必不可少的，它可以帮助你在被饥肠辘辘的豹子尾随时，全速奔跑而得以幸存下来。这是因为糖皮质激素能调动能量，激活大腿肌肉，并关停暂时用不着的激素（如与生长或繁殖相关的激素）的分泌，等时机成熟时再行分泌。并且，当只是在响应急性应激状况而暂时进行分泌时，糖皮质激素能增强记忆力，增加海马神经元之间的那些兴奋性连接的强度。这是一个与记忆相关的区域，可使我们回忆在听到噩耗时或回想起与劫匪短暂相遇的细枝末节时，感觉这些事就像发生在昨天且持续了数小时那般。

对于地球上 99% 的野兽来说，压力极限大概是在草原上被逼入绝境之时所发出的那长达 3 分钟的尖叫，之后要么是它战胜了压力，要么是压力把它给搞垮了。当你考虑到认知复杂的人类会因持续的心理压力和社会压力而能够长期分泌糖皮质激素时，问题就来了。虽然糖皮质激素在面对急性躯体性应激源时会产生有益作用，但在应对长期压力及各种与压力相关的问题，如高血压、生殖障碍和免疫抑制时，身体可能会过多分泌糖皮质激素。

海马中有很多糖皮质激素受体，因此它是大脑中对这些激素最为敏感的部分。而且研究还发现，糖皮质激素会破坏啮齿动物和灵长类动物海马中的神经元。我的实验室和他人的实验室的研究均表明，这是通过多种通路才得以实现的。首先，连续数日的高糖皮质激素水平会"危及"海马神经元，使其更难以在神经系统危机（如癫痫发作）或一段时间的缺氧或缺葡萄糖（如发生在心脏骤停期间）的情况下存活下来。在接下来的几周到几个月里，糖皮质激素会导致海马神经元之间的树枝状连接萎缩；一旦没有了压力或糖皮质激素，树枝状连接就会慢慢恢复。最终，一旦高糖皮质激素水平持续足够长的时间（如数月或数年），就会摧毁海马神经元。

这些发现让一些临床医生感到不安，因为患有各种疾病的患者经常会长期服用大剂量的糖皮质激素（研究表明这些大剂量的糖皮质激素确实会损伤记忆），而且在应对神经危机时身体会自发地大量分泌这种激素。过量的糖皮质激素会损坏人的海马吗？看来是的。

以库欣综合征为例，一些肿瘤会导致特别高的糖皮质激素水平。密歇根大学的莫妮卡·斯塔克曼（Monica Starkman）及其同事在患有此类病的患者的磁共振成像扫描中发现了萎缩的海马。在大脑的其余部分都正常的情况下，这些患者血液中的糖皮质激素水平越高，其海马越小，出现的记忆问题就越多。当肿瘤得到治疗且糖皮质激素水平恢复正常时，海马就会慢慢恢复到正常大小，这表明那些之前萎缩了的树枝状连接，又恢复了。

因此，在布雷姆纳模型中，创伤后应激障碍中由压力导致的糖皮质激素分泌会使海马萎缩。纽约西奈山医学院的蕾切尔·耶胡达（Rachel Yehuda）及其同事提出了另一种模型。令人惊讶的是，在约一半与此问题相关的研究中，创伤后应激障碍患者的糖皮质激素水平都低于而非高于正常水平（由耶胡达首次提出）。她的团队经过细致研究发现，这种低糖皮质激素水平是由于患者大脑对糖皮质激素的调节作用更为敏感，导致了糖皮质激素分泌量的降低，这有点类似于制造一个对温度的细微变化更为敏感的恒温器。因此，在他们看来，问题并不在于创伤或创伤后期所产生的这些压力激素，而在于创伤后期患者对这些激素过于敏感。耐人寻味的是，无论在哪种情况下，可能的罪魁祸首都是一种在其他情况下会对海马和记忆产生不良影响的与压力相关的激素。

糖皮质激素对海马有何影响呢？如前所述，它们会导致神经元之间的连接萎缩，随着压力的缓解，这些连接会再生，这或许解释了库欣综合征患者在治愈后海马恢复正常体积的现象。但在创伤后应激障碍中，创伤后的这种萎缩状态能持续数年或数十年，这与"皱缩电缆"模型相悖。因此，海马缩小可能是由于糖皮质激素实际上杀死了神经元。与此同时，出现了另一种可能。在过去的上千年中，只要对神经科学稍有了解，就会学到该领域的一个教条，即成人大脑不会产生新的神经元。近年来，我们都知道这明显是错的。新的神经元一直都在不断产生以取代被损耗的神经元，同时海马内的大多数"神经发生"也在形成。而且，作为一项十分具有启发性的发现，压力和糖皮质激素是成人神经发生的最强抑制剂。因此，另一种可能是创伤后应激障碍中的海马萎缩是由于神经发生被抑制了，且糖皮质激素阻止了本应在海马回路中占据一席之地的神经元的生成。

在这一点上，所有这些都是猜测，直到有人能对创伤后应激障碍患者死后的大脑展开研究，承担厘清这些大脑（与适当的对照大脑相比）的海马内神经元的数量，测量海马内神经元连接的长度和复杂性之类的艰巨任务。这不是胆小鬼能完成的，但至关重要。

在这一理论中，有种可能性是无论在创伤发生时还是创伤后期，海马都没有萎缩。也许因果关系颠倒了。在一群士兵经历一些难以言喻的惨烈战斗后，通常只有一部分人（可能是15%～20%）会患上创伤后应激障碍。海马的大小本身就因人而异，或许只有海马小的人在遭受创伤之后才易患创伤后应激障碍。也许处理信息及形成记忆方式与众不同的人才更容易发生记忆闪回。皮特曼及其同事为这种可能性提供了一些间接支持，他们的研究表明，患有创伤后应激障碍的士兵出现神经系统"软体"征的比例过高。神经系统"软体"征并非真正的神经系统疾病，而是一系列轻微的危险信号，如发育迟缓的标志，该疾病的患者的学习能力和智商程度均低于平均水平。

皮特曼的团队还有一个非常有趣的发现。通过调查美国退伍军人管理局的记录，他们发现了一个如同金矿般的数据库：少数几对同卵双胞胎中的一个被送往越南，而另一个则留在家乡。他们首先检查前往越南并经历过战争创伤的双胞胎之一，形成了患有创伤后应激障碍数据子集。脑成像显示了通常会出现的结果：与那些经历过战争创伤但没有患创伤后应激障碍的人相比，这些人的海马比预期的更小。然后他们查看了留在家乡的双胞胎之一。很明显的是，海马小且患创伤后应激障碍的人，他们的双胞胎手足的海马也一样小。这极大地支持了这一观点，即这些人在奔赴战场之前海马就相对较小，这使得他们在与创伤后应激障碍抗争的过程中更为脆弱。

这是一项引人注目的研究。不过，我看到了两个问题。至少有一项研究表明，士兵所经历的战斗创伤越严重，后期海马就萎缩得越严重（皮特曼小组早前报道过这一发现）。这确实符合"创伤导致海马萎缩，而非海马小引发创伤后易患应激障碍"这一模型。第二个问题是，在某些创伤类型中，大多数受害者都患上了创伤后应激障碍。例如，轮奸幸存者患创伤后应激障碍的比率约为90%。在这种情况下，你就不能说海马小于平均水平的人会成为少数可能患上创伤后应激障碍的人，毕竟绝大多数人都不可避免地患上了创伤后应激障碍。

因此，尚不清楚海马小是由神经元死亡、萎缩造成的，还是由未能生成新的神经元而造成的，研究的关键是需要对逝者大脑中的神经元进行计数。目前还不清楚海马小才是前因且有导致创伤后应激障碍的倾向，还是创伤和创伤后应激障碍导致了海马变小。在这种情况下，这项关键性研究需要获取人们在经历创伤之前的脑成像，以及更多患有或未患有创伤后应激障碍的人的脑成像。

因而有科学家表示不同意，指出还需要开展进一步的研究，且需要申请经费。这意味着什么呢？让我们先来看看这并不意味着什么吧。目前，没有任何证据表明日常压力如交通拥堵、钱财烦忧、糟糕的老板、不愉快的人际关系，与神经元的消亡或海马萎缩有关。这些压力源不大会导致诸如血压升高之类的症状，倒是可能会致使海马内的神经元无法呈现出最佳状态，这解释了为什么期末考试前加班加点复习对第二天的记忆力并没有什么好处，但神经元几乎完好无损。

另一条注意事项是，海马神经元之间的连接因压力而萎缩但随后又恢复的现象为一些寻求"恢复记忆"解释的人提供了一个不得不接受的隐喻。这与某些可怕的创伤记忆被完全抑制有关，只有在几年或几十年后才能得以恢复。在对此问题进行激烈争论期间，一条条生命正在枯萎，要么是创伤受害者（关于事件的一种解释）由于记忆机制问题而需等待数十年仍得不到善终，要么是被诬告的受害者（关于事件的另一种相反解释）在当代版的塞勒姆审巫案①中无奈丧生。神经心理学家之间几乎爆发了内战，所以我在此只能略说一二。我只想说，我从未看到任何可以表明这种恢复记忆的运行机制的科学证据，也没有符合严谨科学家要求的记录在档的此类案例，各种说法都是在针对为何那么多观点都不合理这一问题进行解释。

——————————————

① 塞勒姆审巫案指的是，1692年1月，美国马萨诸塞州塞勒姆镇一个牧师的女儿突然得了一种怪病，随后与她形影不离的7个女孩相继出现了同样的症状（从现代医学角度讲，这是"跳舞病"的一种表现。这类症状的病因是一种寄生于黑麦的真菌"麦角菌"）。当时人们普遍认为，让孩子们得了怪病的真正原因，是村里的黑人女奴和另一个女乞丐，还有一个从来不去教堂的孤僻老妇人。人们对这3个女人严刑逼供，当地法官也对此进行调查。这个案件留下了众多书面记录，包括很多充满戏剧性的审问记录和虚假供述。直到1992年，马萨诸塞州才为此案件中的受害者恢复名誉。——编者注

这些发现意味着什么？如果事实证明海马小是导致创伤后应激障碍的一个风险因素，那么在考虑将谁派往战场时，神经解剖学就应该像依靠听心脏杂音选人那样被考虑在内。如果萎缩是遭受创伤时或创伤后期造成的，那么科学家们就会按照他们通常的步调，去弄清楚其运作的原理，这样一来我们就可以了解如何对其进行预防了。

然而这些发现的意义不应该仅限于此。对于大多数人而言，世界上所有关于我们正在如何破坏环境的令人震惊的演讲都不及在月球上拍摄的地球的首张标志性照片那样有说服力：地球是那么微小、孤寂和脆弱。对于我们大多数人来说，阅读有关纳粹的文章并不能让我们像参观大屠杀纪念馆那般难受得喘不过气来：房间里堆满了被害者的鞋子。一张好图胜千言。当我们试图抓住那些无形的事物时，需要具象图形的辅助。因此，哪怕是由千人书写的关于人类暴行后果的千字言，其影响力可能都不及一张无论从字面上还是比喻上来说都像大脑扫描那样的脑图。看看它们对我的大脑做了些什么，看看它们对我做了些什么。

注释和延伸阅读 ————————————————————

精神病学方面的标准教科书对创伤后应激障碍都有着详细的描述。对于"9·11"事件之后的创伤后应激障碍，已有大量研究用相当准确的方法预测了该事件之后纽约大都市区哪些人将遭受创伤后应激障碍。令人震惊的是，这些研究采用了一些非常不同的方法，却得出了类似的估算结果——未来几年还将出现数十万个病例。可参阅：Schlenger W, Caddell J, Ebert L, Jordan B, Rourke K, Wilson D, Thalji L, Dennis J,

Fairbank J, and Kulka R, "Psychological reactions to terrorist attacks: Findings from the National Study of Americans' Reactions to September 11", *Journal of the American Medical Association* 288 (2002): 581; Galea S, Resnick H, Ahern J, Gold J, Bucuvalas M, Kilpatrick D, Stuber J, and Vlahov D, "PTSD in Manhattan, New York City, after the September 11th terrorist attacks," *Journal of Urban Health: Bulletin of the New York Academy of Medicine* 79 (2002): 340。

关于创伤后应激障碍中海马萎缩的一些报告，可参阅：Bremner J, Randall P, Scott T, Bronen R, et al., "MRI-based measurement of hippocampal volume in patients with combat-related PTSD.," *American Journal of Psychiatry* 152 (1995): 973; Gurvits T, Shenton M, Hokama H, Ohta H, Lasko N, Gilbertson M, et al., "Magnetic resonance imaging study of hippocampal volume in chronic, combat-related post-traumatic stress disorder," *Biological Psychiatry* 40 (1996): 1091; Bremner J, Randall P, Vermetten E, Staib L, Bronen A, et al., "Magnetic resonance imaging-based measurement of hippocampal volume in PTSD related to childhood physical and sexual abuse—a preliminary report," *Biological Psychiatry* 41 (1997): 23. Sapolsky R, "Glucocorticoids and hippocampal atrophy in neuropsychiatric disorders," *Archives of General Psychiatry* 57 (2000): 925。

关于记忆神经生物学（以及海马与其关系）的专业意

见，可参阅: Squire L, *Memory and Brain* (New York: Oxford University Press, 1987); Eichenbaum H, "The hippocampus and declarative memory: cognitive mechanisms and neural codes," *Behavioral Brain Research* 127 (2001): 199。

应激反应在因急性躯体性应激源而被临时调用时极具适应性，但在因心理性应激而被长期使用时则会增加生物体的患病风险: Sapolsky R, *Why Zebras Don't Get Ulcers: A Guide to Stress, Stress-Related Diseases and Coping*, 3rd ed. (New York: Henry Holt, 2004); Sapolsky R, "Stress and cognition," in Gazzaniga M, ed., *The Cognitive Neurosciences*, 3rd ed. (Cambridge, MA: MIT Press, 2004): 1031。

关于海马如何因创伤和创伤后应激障碍而萎缩的论点，可参阅: Sapolsky R, "Why stress is bad for your brain," *Science* 273 (1996): 749; Bremner J, *Is Stress Bad For Your Brain?* (New York: Norton, 2002)。

作为创伤后应激障碍中糖皮质激素水平被抑制而非升高的一个例子，可参阅: Yehuda R, Southwick S, Nussbaum E, Giller E, Mason J, "Low urinary cortisol in PTSD," *Journal of Nervous and Mental Diseases* 178 (1991): 366。

关于成年大脑神经发生巨变，可参阅: Gould E and Gross C, "Neurogenesis in adult mammals: Some progress and problems.," *Journal of Neuroscience* 22 (2002): 619.

关于同卵双胞胎中小海马的报告，可参阅：Gilbertson M, Shenton M, Ciszewski A, Kasai K, Lasko N, Orr S, and Pitman R, "Smaller hippocampal volume predicts pathologic vulnerability to psychological trauma," *Nature Neuroscience* 5 (2002): 1242; Sapolsky R, "Chicken, eggs and hippocampal atrophy," *Nature Neuroscience* 5 (2002): 1111。

作为最后的免责声明，在此特别指出，该话题是本书所有主题之中进展最为迅猛的一个，因此这篇文章在付印之后可能会过时。

第 11 章 大脑中的 bug

/

正如大多数科学家那样，我会时不时参加学术会议。我曾参加过神经科学学会的年会，该学会囊括了全球大多数脑科学研究人员。现在，这是我能想象到的最具智力攻击性的体验之一。首先，大约有28 000 名科学怪人挤在一个会议中心，一段时间后，情况似乎进入了疯狂状态，整整一周后，当你走进任何餐厅、电梯、浴室，身边的人都在热烈讨论鱿鱼轴突（squiol akons）。其次是了解科学本身的过程。会议有 14 000 个讲座加墙报交流，信息量巨大。在那些对你来说非常重要的海报中，有一堆是你永远也无法看到的，因为它们前面围满了人。还有一些是用某种你甚至都不认识的语言写就的。然后是至关重要的海报，列举着在未来 5 年将要做的每项实验。在这之中有一个共识，即尽管无数人就这一主题上下求索，但我们仍然对大脑是如何工作的知之甚少。

一天下午，当我坐在会议中心的台阶上时，我被所有这些信息和一种普遍的无知感所震撼，我对自己很失望。我的目光盯着路边的一片浑浊的水坑，我想在这个水坑里溃烂的那些微小的虫子对大脑的了解可能比所有神经科学家加起来还要多。

后来，一篇关于某些寄生虫如何控制宿主大脑的优秀论文激发了我那消沉的意志。大多数人都知道，细菌、原生动物和病毒会通过惊人的复杂方式，利用动物的身体来达到自己的目的。它们通过"劫持"我们的细胞、能量和生活方式，来使自己能够茁壮成长。有一个可以说明它们很聪明的例子：有些病毒会潜伏在哺乳动物体内，然后就在那里静待时机。何时让它们摆脱延迟、激活和复制才有意义？当哺乳动物的免疫系统受到抑制，不再处于最佳状态时。免疫系统何时会被抑制？在生物体承受某种压力期间。这些病毒的 DNA 中含有能被压力激素激活的检测器。因此，你的身心状态是否处于最佳状态，是否正在承受来自慢性病、饥饿、一系列期末考试的压力，病毒都知道，当你的免疫系统处于最差状态时，它们会从潜伏期中醒来并进行复制。顷刻间，你会患上疱疹唇。还有像锥虫这样的热带原生动物，它们会侵入你的身体并击垮你，每隔几周，在你的免疫系统即将识别和攻击它们时，它们会切换细胞表面蛋白质的识别指纹。或者还有像裂体吸虫这样的血吸虫，它们甚至不需要转换身份。相反，它们会将自己隐藏在你自己的可识别细胞表面蛋白中，这样你的免疫系统就无法识别它们。

但在许多方面，这些寄生虫演化出的最引人注目和最凶残的东西（也是那天占据我思绪的主题），是它们具有的为了达到自己的目的而改变宿主行为的能力。一些教科书中的例子涉及外寄生虫，即在体表定殖的生物。例如，触角属的某些螨虫会骑在蚂蚁的背上，通过抚摸蚂蚁的口器触发反射，最终导致蚂蚁吐出食物供螨虫食用。管状线虫属的一种蛲虫在啮齿动物的皮肤上产卵，这些卵会分泌一种引起瘙痒的物质，使得啮齿动物必须用牙齿来整饰发痒部位，此过程中卵会被吞食进入啮齿动物体内，这样它们便可以欣然孵化了。

尽管这些例子很奇怪，但当考虑到寄生虫从我们体内操纵我们的行为方式时，事情就变得越发奇怪了。例如具有连续宿主的寄生虫，它们在某个中间宿主体内经历一个生命阶段，然后在最终宿主体内繁殖或复制。在此过程中，挑战在于从前者转移到后者。因此，寄生虫可能会损伤中间宿主的肌肉，使其失去判断力，继而寄生在宿主的食物上，使其专注于觅食而非小心提防，所有这些都增加了中间宿主体内寄生虫进入最终宿主，即捕食者体内的可能性。

当考虑到改变神经系统本身功能的寄生虫时，事情变得更加奇怪了。有时，这是通过操纵影响神经系统的激素间接完成的。有一种甲壳类动物藤壶，它会附着在雄性沙蟹身上并分泌一种诱导母性行为的雌性激素。然后，这些被控制的"僵尸蟹"与正在孵卵的雌蟹一起迁徙到海边，并在沙滩上形成非常适合散播幼虫的洼地。雄性自然不会释放任何东西，但藤壶会。如果藤壶感染了雌性，它会诱发相同的母性行为（在雌性卵巢萎缩后），这种做法被称为"寄生阉割"。

然而，最终的结果是寄生虫进入大脑。这些会入侵大脑的一般是微小的生物，主要是病毒，而不是像螨虫、蛲虫和藤壶这样的相对庞大的生物。一旦这些微小的寄生虫中的一种进入大脑，它就可以很好地保护自己免受免疫系统的攻击，并且可以将神经机制转变为自身的优势。

狂犬病病毒就是这样的一种寄生虫。狂犬病可以通过多种方式在宿主间传播。病毒不必靠近大脑，它可能会发展出一种类似于可以使鼻子出现感冒症状的药物所使用的伎俩，即刺激鼻腔的神经末梢，导致你打喷嚏并把复制的病毒喷到看电影时坐在你面前的人身上。病毒也可能已经演化出一种能力，可以诱导出一种贪得无厌的舔舐行为，从而将病毒传播到唾液中。众所周知，狂犬病病毒会导致其宿主变得具有攻击性，因此病毒可以通过唾液进入伤口进而转移到另一个宿主身上。

想想看，大量神经生物学家对攻击性的神经基础进行了研究，包括大脑通路、相关神经递质、基因与环境之间的相互作用、激素调节等。与这个主题相关的会议、博士论文、琐碎的学术争论、令人讨厌的教职任期争端有很多，这是一个浩大的工程，而狂犬病病毒自始至终都"知道"感染哪些神经元可以使某人患上狂犬病。

尽管这些病毒的效应令人印象深刻，但仍有改进的余地。这是因为寄生虫具有非特异性。如果你是一种患有狂犬病的动物，你可能会咬伤狂犬病病毒不能在其体内很好地复制的少数生物之一，如兔子。因此，虽然寄生虫感染大脑的行为效应让人眼花缭乱，但如果影响范围太广，这种寄生虫可能会进入绝境。

这让我们看到了一个非常漂亮的大脑控制案例，且我之前提到过的一篇论文正是以这一主题为主要内容的，这篇论文的作者是牛津大学的曼努埃尔·贝尔杜瓦（Manuel Berdoy）及其同事。贝尔杜瓦及其同事研究了一种名为弓形虫的寄生虫。在弓形虫乌托邦中，其生命由啮齿动物和猫这两个宿主序列组成。原生动物被啮齿动物吞食后，会在啮齿动物全身尤其是大脑中形成包囊。如果这个啮齿动物被猫吃掉，那么弓形虫就会在猫身上进行繁殖。猫会通过粪便排出弓形虫，在某个生命周期中，它又会被啮齿动物蚕食。整个情况取决于特异性，因为猫是唯一可以繁殖和排出弓形虫的物种。因此，弓形虫不希望它的寄主啮齿动物被鹰抓走，也不希望猫的粪便被粪甲虫吞食。请注意，寄生虫可以感染各种其他物种；但如果它想繁殖，就得寄生在猫身上。

正是因为存在这种感染其他物种的可能性，那些以"怀孕期间该做什么"为主题的书都建议禁止将猫及猫砂盆带进屋子，并警告孕妇不要在猫四处游荡时做园艺。如果猫粪便中的弓形虫进入孕妇体内，它可能会进入胎儿体内，从而导致胎儿的神经系统受损。

因此，见多识广的孕妇会对猫感到不安。弓形虫演化出的一项非凡技巧是让啮齿动物对猫不再恐惧。所有正常的啮齿动物都会避开猫，行为学家称之为固定行为模式，因为啮齿动物不会因为反复尝试而产生厌恶感（因为它们不太可能有很多机会从猫周围其他同类的错误中吸取教训）。相反，猫恐惧症是天生的。啮齿动物是通过嗅觉、信息素、动物释放的化学气味信号来成功避开猫的。啮齿动物会本能地避开猫的气味，一生中从未见过猫的或作为数百代实验动物后代的啮齿动物也会这样。但感染弓形虫的啮齿动物除外。正如贝尔杜瓦及其同事所展示的那样，啮齿动物会选择性地失去对猫信息素的厌恶和恐惧。甚至，它们会被猫的气味吸引。

现在，这并不是寄生虫干扰了中间宿主的大脑，使其心不在焉、不堪一击的一般情况。啮齿动物的其他一切似乎都完好无损。这种动物的社会地位在其统治等级中没有改变。它仍然对交配感兴趣，实际上是对异性的信息素感兴趣。它仍然可以分辨出其他气味，如自己的气味或尤为温顺的兔子的气味。啮齿动物只是不再因猫信息素而退缩，而是被它吸引。这太让人震惊了。这就像某个感染了脑寄生虫的人，其思想、情绪、SAT[1]成绩或电视偏好都没有受到任何影响，但这种寄生虫为了完成自己的生命周期，会使宿主产生一种不可抗拒的冲动，想去动物园，爬上栅栏，与那头看起来脾气最为暴躁的北极熊来一个法式吻。正如贝尔杜瓦团队在其论文标题中所显示的那样，寄生虫引起了致命诱惑。

显然，还需要对这一主题开展更多的研究。我之所以这样说，不仅是因为在多数有关科学的文章中都必须围绕这一点，还因为这一发现本质上就很酷，有的人一定要弄清楚这是如何运作的。同时，请允许我引用一下斯蒂芬·杰伊·古尔德（Stephen Jay Gould）的话：它提供了更多的证据，证明演化是惊人的。令人惊叹的是，这是违反直觉的。有一种根深蒂固的观点认为演化是有方向的，且是渐进的。如果你相信这一点，你的想法会是这样的：无脊椎动物比脊椎动物更原始，哺乳动物是脊椎动物中演化程度最高的物种，灵长类动物是基因最优的哺乳动物，依此类推直到最终，似乎有科学证据证明你所属的种族、民族或保龄球联盟均有演化优势。但这完全是错误的。

所以请记住，生物是可以控制大脑的（并且在此过程中可以比神经科学家更胜一筹）。我在路边水坑中的倒影使我得出了与纳西瑟斯[2]在他那水汪汪的倒影中得出的相反的结论。我们需要保持系统发育的谦逊。我们当然不是演化程度最高的物种，也不是最不脆弱的物种，也不是最聪明的。

---

[1] 美国高中毕业生学术能力水平考试；亦称学术水准测验考试。——译者注
[2] 希腊神话中的一个俊美而自负的少年。——译者注

注释和延伸阅读

关于本章主题的其他细节，可参阅：Moore J, *Parasites and the Behavior of Animals* (Cambridge: Oxford University Press, 2002)。

关于弓形虫，可参阅：Berdoy M, Webster J, and Macdonald D, "Fatal attraction in rats infected with Toxoplasma gondii," *Proceedings of the Royal Society of London*, B 267 (2000): 1591。

这本书中的很多文章都代表着对发乎情止乎礼的痴迷。几个月来，我对某个话题很是着迷，没完没了地读，我就此话题的长篇大论，令妻子感到十分恼火。我最终写了一些东西，以使我的所思所想为人所知，好让我可以专注于下一个主题。这篇文章也是这样开始的。然而，关于弓形虫的行为影响的那份惊人的报告一直令我魂牵梦绕，以至于我招募了一位杰出的年轻科学家阿贾伊·维亚斯（Ajai Vyas）博士到我实验室，试图弄清楚弓形虫在啮齿动物大脑中的作用。

第12章　父母的孟乔森综合征

/

珍妮弗·布什（Jennifer Bush）似乎是一个令人心碎的医疗厄运实例。这个孩子从婴儿时期就患有严重的难以治疗的多系统疾病，导致其消化系统和泌尿道无法发挥作用。她似乎也有免疫问题，因为尽管她的白细胞计数正常，但她的肠道和膀胱反复出现各种细菌感染。到9岁时，珍妮弗已经住院200多次，并接受过40次手术，包括胆囊、阑尾和部分肠道的切除手术。但她的自身状况依旧没有好转。她的困境像个谜团，医生无能为力，只能靠警察来解决。

想要了解珍妮弗·布什的遭遇，我们就必须先来思考一个令人烦恼的问题：对孩子做哪些事情是可以的？孩子属于谁？孩子应该属于某个人吗？

这个问题是导致我的一群朋友在青少年时期失去宗教信仰的核心原因。我们会惊讶于《出埃及记》故事中的不公正之处。故事中的马呢？我们会问，为什么它们会被淹死在红海里？或者，那些被淹死的士兵呢？我敢打赌，他们中的很多人在这件事上别无选择。

但是最有可能动摇一个人信仰的事件是显而易见的：那杀掉第一个孩子呢？这些孩子又为何会遭遇这种情况？我们的主日学校 ① 老师会尽职尽责地告诉我们情况比我们想象的更为复杂。你看，法老不仅仅是一个人。这是以色列人的上帝耶和华和埃及人的上帝法老之间的不择手段的地盘之争。埃及的牛、马、庄稼、忠诚的仆人，甚至婴儿都属于法老，因此都是公平的游戏。十大瘟疫对于这位世界霸主来说根本算不上什么。

这并不是那种对于大多数人来说仍然有效的解释，即为了惩罚或测试父母而伤害孩子。如今，如果亚伯拉罕因他和他的上帝之间有些分歧而发誓要割开自己的儿子以撒的喉咙，很可能会招致儿童福利机构的造访。尽管如此，大多数人认为儿童是成人的部分延伸是正确的观念。孩子们需要父母就其医疗保健、饮食和教育做出重要决定，否则他们整个童年都会在吃甜甜圈和看电视中度过。但什么程度的监管才合适呢？孩子仅仅是其父母、学校系统、部落和国家的延伸吗？

这些问题产生了一些相当极端的观点，其中一些就像恐怖故事一样。另一种观点是成年人无权将任何东西强加给儿童。这种观点的学术版本可以在精神病学领域最顽固的"恶人"之一托马斯·萨斯（Thomas Szasz）的著作中找到，他的整个职业生涯都在质疑和戳破各种笃念。他宣称精神疾病是一个"神话"，是一个权势集团用来疏

---

① 这是基督教教会于主日早上在教堂或其他场所进行的宗教教育，一般在主日敬拜之前或之后举行，又名星期日学校。英、美等国在星期日为在工厂做工的青少年进行宗教教育和识字教育的免费学校。——译者注

远思想者的标签系统。他辩称，精神病治疗只能在个人同意的情况下进行，认为非自愿的精神病治疗是对患者的蹂躏，并且任何儿童与成年精神病医生之间都是不平等的，这就为儿童精神病治疗贴上了可能非法的标签。

另一个例子是，几年前洁茜卡·杜布罗夫（Jessica Dubroff）的母亲发布了一个让儿童自由自在的疯狂想法。洁茜卡是一个 7 岁的孩子，是年龄最小的驾驶飞机穿越全美国的人，但最终在飞机失事中丧生。悲剧发生后，媒体开始呼吁父母和其他当局承担更多责任。她的母亲莉萨·哈撒韦（Lisa Hathaway）自称是新时代的治疗师，她在这种情况下发出的抱怨之声让所有美国人都屏息凝神。她和她已故的前夫都在飞机失事中受了伤，她支持这样一种理论，即父母的工作是站在一旁，鼓励孩子去探索自己所有的奇思妙想，任何约束都是虐待性的、家长式的、反生命的等。"我希望我所有的孩子都能开心到死。"她在孩子死后几分钟内宣称。她发誓要与美国联邦航空局加强有关儿童驾驶飞机规则的举措做斗争："看看洁茜卡，告诉我你怎么能质疑这一点。你见过这样耀眼的 7 岁小孩吗？她是自由的；她在自由地享受生活。"嗯，差不多是这样。但具有讽刺意味的是，大多数人的印象是这对父母用旧时代父母常用的粗鲁和操纵，来创造和营销洁茜卡及其特有的技能。

另一种极端情况是父母对孩子的控制超出了很多人甚至大多数人认为合适的范围。例如，法院已经解决了基督教科学家的子女问题。他们的宗教信仰让他们拒绝医疗干预，甚至到了厌恶使用温度计的地步，而支持治愈祈祷；他们认为自己有权拒绝对生病的孩子提供医疗护理。其中一些案例让人读起来非常痛苦，其中死去的这些孩子只是患了一种很容易就能治愈的疾病。法院的裁决十分明确：这对于享有知情同意权的成年人来说可能没问题，但父母不能以宗教的名义让孩子因缺乏医疗护理而死亡。

然而，当威斯康星州的一群阿米什人父母想让他们的孩子辍学时，法院做出了不同的裁决。这些父母认为自己的孩子在学校里会接触到非阿米什人的同学，因此可能会受到诱惑并远离其紧密联系的社区。该州在某种程度上认为，如果阿米什儿童要成为阿米什成年人，那应该是出于知识和选择，而不是因为他们是父母的庇护的延伸。但美国最高法院做出了有利于父母的裁决。

因此，父母因自己的信仰体系而扼杀孩子是不可以的，但阻止他们接受教育，最终因对外部世界准备不足而使他们别无选择只能留在原来的圈子里是可以的。因此，阿米什儿童不仅"属于"他们的父母，而且"属于"整个阿米什传统。况且，正如本章后面的注释中所讨论的那样，法院特意指出这种决定仅适用于好的宗教传统，而不适用于邪教。

这些辩论在思想层面上与珍妮弗·布什的案例有着异曲同工之处。但当人们开始理解在这个孩子及像她这样的不幸者身上所发生的事情时，他们的脸色变得苍白。1996年4月，珍妮弗的母亲被捕了，她曾一直通过媒体呼吁公众帮助她解决其女儿那天文数字般的医疗费用。布什夫妇居住的佛罗里达州警察和儿童福利工作者的调查结果表明，珍妮弗持续感染的最终原因既不是基因也不是病原体，孩子的症状似乎是她的母亲造成的。令人难以置信的是，根据指控，这个母亲一直在将粪便放入珍妮弗的喂养管中。此外，她还有一些重大财务问题。调查人员还发现了一封写给美国总统夫妇的求助信，这封信看起来像是一位母亲用孩子般的涂鸦写出来的。这真是骇人听闻，令人惊叹。

还有一种足以被称为综合征的常见的父母行为障碍。这种现象通常被称为代理型孟乔森综合征（Munchausen's by Proxy，MBP）。1951年，一位名叫理查德·阿舍（Richard Asher）的精神病学家描述了一种奇怪的疾病，这种病的患者为了获得不必要的医疗服务而捏造症状。它的亚种已经被注意到并命名，包括"剖腹癖症"（捏造需要手术的症状）、"神经癖症"（捏造神经系统症状）和"出血癖症"（自感失血）。阿舍强调了这些现象中的共同之处，并将它们统称为孟乔森综合征，这是以 18 世纪因讲述自己的冒险故事而闻名的德国士兵卡尔·冯·孟乔森男爵（Baron Carl Von Munchhausen）的名字命名的。出于某种原因，阿舍去掉了名字中的第二个"h"。1977 年，利兹圣詹姆斯大学医院的一位名叫罗伊·梅多斯（Roy Meadows）的英国儿科医生正式确定了孟乔森综合征的一个"亲戚"，在该病的案例中，父母捏造了孩子的症状，因而研究人员从逻辑上将其称为代理型孟乔森综合征。

代理型孟乔森综合征令人惊叹，由于这种疾病具有社会复杂性，事实上这类父母难以想象的行为通常是在相关医疗部门的无意识合作下取得成功的。但在深入研究之前，仅仅是关于代理型孟乔森综合征的案例报告就足以引发噩梦。

在侵入性较小的代理型孟乔森综合征案例中，父母只是操纵从孩子身上采集的样本。梅多斯的原始论文描述了一个 6 岁女孩的病例，她因尿血、尿液味道发臭且充满细菌而入院，这些症状似乎是由严重的泌尿生殖道感染引起的。她之前就诊医院的医生都束手无策，因而将其转诊给了这些专家。但怪事接连出现。早上，她会感染一种细菌，而到了晚上，这种细菌就会被消灭了，取而代之的是另一种细菌的侵袭。更奇怪的是，在下午的样本中，可能根本没有细菌。这个孩子服用的药物越来越强，但一切都是徒劳的，感染仍在继续。警觉的护士们注意到了一个规律：只有当她母亲在旁边帮助收集尿液样本时，样本中才有细菌，梅多斯在论文中记录了这一规律。最终，化学分析显示尿液中的血液是她母亲的经血。

当父母操纵孩子体内发生的事件时，会出现真正可怕的情况。一些患有代理型孟乔森综合征的父母被发现通过将腐蚀性溶液涂抹到孩子的皮肤上，使孩子身上产生神秘的皮疹。在另一份报告中，一名 2 岁孩子的母亲通过猛击女儿的脚踝，使其体内出现严重的需要切开和引流的炎症，然后再用土壤和咖啡渣污染切口，使该区域持续感染。辛辛那提大学的儿科心脏病专家道格拉斯·施奈德（Douglas Schneider）及其同事报告了一个更具侵入性的病例。大多数父母都听说过"吐根糖浆"，这是一种可怕但必不可少的药物，用于清除孩子吞下的毒药。这个病例中的母亲强迫她 5 岁的儿子喝下吐根糖浆，引发了剧烈呕吐和腹泻。对此深表怀疑的护士在病房中这位母亲的外套口袋里发现了几瓶吐根糖浆。之后孩子的呕吐突然停止且康复了，只是心脏已受损（吐根糖浆的潜在副作用）。该报告还描述了一个病例，有一名 3 岁的孩子，自出生以来每天呕吐 6 ～ 8 次，随后便死亡了。

梅多斯在他的原始论文中描述了另一个案例，这次是一个蹒跚学步的孩子，他血液中钠含量过高，体内急剧地、不断地失去盐平衡，这个问题自其出生以来就存在。按照通常的模式，只要母亲远离孩子，问题就会消失。作为一名训练有素的护士，这个母亲可以熟练使用胃饲管，她显然是在给儿子强行喂食盐。这个孩子在社会服务人员计划对其进行保护性监禁时死了。而真正可怕的是，芝加哥大学一位名叫爱德华·塞费里安（Edward Seferian）的儿科医生报告了一个6岁男孩的身体被一群细菌入侵的案例。这是罕见且令人费解的，因为很少有人看到过一个孩子会因为免疫抑制，使身体因微生物败血症而溃烂。但更令人不解的是，孩子的免疫系统并没有受到抑制，运行良好。然而，他的血液中发生了一波又一波的细菌感染，使他持续高烧，并且他体内的细菌对药店的抗生素产生了耐药性。最终，工作人员开始怀疑，且其父亲也提供了一些确凿的细节，问题的答案均指向了他的母亲。这个母亲已是病房常客，可以帮助孩子进行静脉注射。她还曾是一名医疗技术员，对医院很熟悉。最终，调查人员发现是她将粪便引入了孩子的血液中。

以下是代理型孟乔森综合征父母惯用的伎俩：他们通过添加外部血液来制造出血症状，或者使用足够的抗凝剂诱导出血，从而令小小的划痕都会血流不止；他们通过反复按压颈动脉引起癫痫发作；通过注射胰岛素诱发中枢神经系统紊乱状态；通过造成窒息诱发严重的呼吸暂停；通过使用泻药或盐中毒引起腹泻；通过使用吐根糖浆等催吐剂诱发呕吐。

以下是最常见的药品和有毒物质：抗惊厥药、麻醉剂、镇静剂、抗抑郁药、盐、抗组胺药，当然还有洗衣漂白剂。如果将这些药品和有毒物质强制喂给儿童就会产生相应的症状。

当周围没有人时，母亲会给孩子注射一种悬浮的狗的粪便滤液，受害者平均不到6岁，他们无法将事实告诉任何人。从孩子进入医疗系统到发现真正的诱因之间的平均滞后时间为15个月，对于那些严重且顽固的症状，医生有足够的时间进行大量的测试和扫描，实施一轮药物治疗，进行更有效的第二次用药，以及引入新的实验性的第三种药物，使用喂食管、引流管、输血、导尿管、灌肠剂、静脉注射器和无休止的注射，甚至是重复性麻醉和手术，死亡率接近百分之十。

人们试图找到一种方法来理解这一点，将这些可耻的行为与某种解释联系起来，就好像代理型孟乔森综合征是某种人们极为熟悉的事物的无限制的延伸。但是，由于代理型孟乔森综合征并非如此，许多这样的潜在的联系就被切断了。这不是像殴打孩子这样的"常规"意义上的虐待儿童。与代理型孟乔森综合征的情况相反，常规的虐待儿童者都会积极努力避免医疗部门的干涉。这也并不是某种母亲焦虑症，焦虑的母亲对自己孩子的健康状况的担心呈现出的是一种病态，她会捏造问题，以便孩子可以安全地留在医疗系统中。但她似乎没有这种焦虑。这也不是所谓的"母爱至死"，即母亲对孩子健康的焦虑包括对医疗系统的恐惧式的回避。这也不是"伪装综合征"，即母亲为了让孩子辍学而谎报孩子的健康状况；在这种情况中，母亲的动机是延长抚育时间，延迟孩子获得独立性，母子之间通常存在共谋，且不会诱发实际的病症。

正如所定义的那样，代理型孟乔森综合征不能涉及父母中的任何一方对孩子患病存在妄想和笃念。父母不相信婴儿会反复吞下毒药，每天需要使用8次吐根糖浆。他们不相信漂白剂、偶尔的窒息和皮下的粪便能驱赶撒旦，也不会在脑海中默念，坚信它们会引起孩子的癫痫发作。

而最能说明代理型孟乔森综合征并非如此的是，它的操纵性不可能是为了物质利益：这个母亲含泪恳求房东体谅其拖欠房租的情况，毕竟她的孩子又生病了。就可能的任何物质利益而言，这充其量只是次要动机。

那么这种疾病是怎么回事呢？在代理型孟乔森综合征家庭中，通常存在丈夫缺位或夫妻关系不佳的情况，因而梅多斯推测，在后一种情况下，演戏是为了引起那冷若冰霜的丈夫的注意。另一个线索在于，正如病例报告中所暗示的，大约一半的代理型孟乔森综合征患者都接受过一些医学培训。这是捏造某些病情所需的技术技能和熟悉医院文化的先决条件。梅多斯注意到了其他研究者发现的一个规律：大多数是具备医学背景但却在其医学职业生涯中一败涂地的母亲，她们在作为护理专业的学生时学业上不够精进，做医生助理时还因情绪不稳定而遭到了解雇。梅多斯写道："这可能表明，一些患有代理型孟乔森综合征的母亲下决心要击败那个使其产生挫败感的系统。"

但代理型孟乔森综合征核心且明确的动机是希望自己能完全融入医疗体系。"对于她们来说，医院可能是一种强烈（而危险）的心魔。"正如梅多斯所说，患有代理型孟乔森综合征的母亲会全身心投入孩子的治疗中，且数周寸步不离病房。医护人员最初会认为她们是牺牲自我的圣人。作为回报，这些母亲会获得某种舒适感和安全感，在被关注时她们会产生近乎感官上的愉悦感，护理和被护理交织在一起，使她们可以融入这个丰富的、结构化的社会团体。

　　这样的母亲以这种方式进入医院，不仅仅是为了给生病的孩子进行陪护。这个母亲很快就偷偷溜进了工作人员所在的社区。这个成为病房模范"平民"的过程需要操纵性的社会专业知识，这甚至比很多患有代理型孟乔森综合征的母亲所拥有的医学专业知识还要多。典型的患有代理型孟乔森综合征的母亲会对工作人员很热情，心怀敬意，感激涕零，且会巧妙地表达出这里的每个人都比他们之前就诊过的医院里的那些无能者更有能力的想法。几天之内，她就会带着巧克力蛋糕出现在值夜班的工作人员面前。在高阶版本中，一个患有代理型孟乔森综合征的母亲竟然是医院儿科病房的主要筹款人。很快，这个母亲就查到了每个人的生日，并送来了特别个性化的礼物。她变得自信起来，倾听着护士们的爱情故事，也分享着为人父母的辛酸历程。她弄清楚了住院医生之间的利益冲突，悄悄地让别人知道她站在谁的一边：当然是他们那一边。她理解护士们不得不经常忍受医生的苛责，她明白年轻医生必须承受的压力和不安全感，当她自己拥有如此多的烦扰时，倾听他们的烦扰的能力就更强了：你知道她的孩子是谁的吗？是的，真的病了。令人惊讶的是，这个女人是多么的坚强和无私……她就像是一个病房吉祥物，且有过之而无不及。一半的女性员工觉得自己找到了一个新的好朋友；一半的男性员工认为他们很快就会与她进一步发展关系。整个医疗单位都被蛊惑了，准备加倍努力来帮助她那患有神秘疾病的孩子，尽量满足这个母亲想要参与几乎整个治疗过程的愿望，不敢心生哪怕一丝丝的怀疑，认为这是荒谬且不值得的。①

　　医院是一个复杂的机构，不得不说患有代理型孟乔森综合征的母亲具有很强的进入员工社交圈的能力。当有人从不起眼的方面开始产生怀疑时，就演变成了一个能量巨大的助力器。孩子的病情特征开始引人怀疑。或许是因为这位完美的母亲似乎从来没有像工作人员那样关心过她的孩子。也许有人终于注意到呕吐、细菌、发烧似乎只有在母亲在场时才会发生。或者，也许有人在走进孩子的房间时，看到了母亲在紧闭的窗帘后面对正在哭泣的、情绪激动的孩子做某种事的场景。"侦探"可能会是一名高级护士，也可能是护士长，她对患者及其家人有一定的经验和厌倦感。这可能是一个明显边缘化的人，她不

---

① 这种社交操纵方式与"边缘型人格障碍"之间有很多共同特征。边缘型人格障碍因占用缺乏经验的临床医生的早餐时间而臭名昭著。头发灰白的心理健康的长者负责监督年轻精神病学家或心理学家的培训，他们谈论着年轻人"边缘化"的必要性，希望他们遇到的第一个这种患者只是给他们上了一节无法忘怀的临床课，而非摧毁他们的事业或个人生活。

在心理健康术语中，边缘可以是一个非常活跃的动词："天哪，我不得不浪费一下午的时间去参加一场为第二年住院医生史密斯举行的模拟纪律聆讯。可怜的孩子。史密斯有耐心、聪明、年轻且专业，这些都是非常诱人的品质，使得他为她开大量的杜冷丁。他终于想通了，试图让她停止服药，现在有一半的人相信他在治疗期间试图对她进行干涉。并且，事实证明，她在其他4家培训诊所做过这种"杜冷丁"特技，但这在史密斯的听证会上是不被接受的，因为她一直在反诉其胆小，不敢把这些情况放在她的就诊记录中。所以现在这击中了史密斯的支持者。可怜的孩子，他完全被边缘化了。"在电影《致命诱惑》中由格伦·克洛斯（Glenn Clase）扮演的那个声名狼藉的角色，带着刀和小兔子去邮局之前，有许多边缘化特征。操纵大师情绪不稳定，能够做出夸张的自杀姿态（但很少有真正的自杀行为），在一个只有恶棍或理想化的英雄的黑白世界之中行事，这种关系通常是短暂和肤浅的，因为他们无法在这种二元化的世界中生存，一个实施操纵和口是心非的表面角色，会让人想知道其内在究竟是谁（如果有人的话）。

会在工作中结交一个好朋友来倾诉心声。这也可能会是一个严肃的人，不易动情，也可能不是最受欢迎的员工。

怀疑论者公开表示了怀疑，但病房里传出了不同声音，因为大多数工作人员会转而反对怀疑论者。这是对他们的新朋友的指控，是对他们见过的最忠诚的母亲的指控。特里·福斯特（Terry Foster）显然是一位厌倦了争斗的高级护士，他在护理杂志上发表过有关这样的操纵如何"分裂"所有员工的论文。大多数护士都没有意识到这类疾病，很难想象这样的事情会存在，因为这与其职业的宗旨背道而驰。医生们通常在心理上很复杂，他们认为一些粗鲁的、不受欢迎的护士对这个风度翩翩、尽心尽力的人的指责是荒谬的。福斯特写道，医生们甚至没有出席有关此事的员工会议。

这些患有代理型孟乔森综合征的母亲是如何一次次地在如此长的时间里侥幸逃脱的呢？若即若离的作风显然起到了很重要的作用。此外，在大多数儿科病房中，鼓励父母尽可能多地待在那里，并积极参与医疗保健过程（这通常是一件好事），也为这些披着母亲外衣的罪恶之人提供了可乘之机。部分原因是医生对具有挑战性的疑难杂症很感兴趣，他们往往会只见树木不见森林。"这是一个专业化的、以调查为导向的、对罕见疾病着迷但往往对虐待行为一无所知的医疗系统，并且他们会过于相信记录历史数据的相关报道。"两位撰写过与代理型孟乔森综合征相关的文章的澳大利亚儿科医生特伦斯·唐纳德（Terence Donald）和乔恩·朱雷迪尼（Jon Jureidini）这样说道。

但也有一个更深层次的原因。当首次出现黄疸病的指控时，每位医疗保健专业的人员都参与了对那个健康孩子的救治，尽管有些勉强和无意识。注射、抽血、切开引流、灌肠、手术，为了完成这一流程而控制住那哭哭啼啼且担惊受怕的孩子。疼痛，"都是为了孩子好"，但一切都是徒劳的。

唐纳德和朱雷迪尼以独特的见解，撰写了与代理型孟乔森综合征的"体系"相关的文章。在整篇文章中，关于代理型孟乔森综合征的标签是用以描述作恶者（母亲）的还是受害者（孩子）的，还存在着混淆。很多业内人士写道，诊断好像在两个行为人之间飘忽不定。唐纳德和朱雷迪尼加深了这种摇摆感。代理型孟乔森综合征"最能用以描述至少3个人之间的复杂交易，即父母、孩子和医生"。代理型孟乔森综合征的正式定义要求医疗系统方面进行不必要的治疗，鉴于怀疑通常是逐渐产生的，最有爱心的从业者似乎一定会感觉受到了玷污且会感到内疚。并且，这种代理型孟乔森综合征可能是投入产出比最低的诊断了。

人类行为中最为奇特的反常现象是对我们最强烈的情绪的扭曲。我们每个人都有想象中的暴力时刻，充满了爆炸性的、发自肺腑的侵犯性幻想。因此，当某个凶手以一种冷漠的爬行动物般冷酷的方式杀人时，这就变得更加难以理解了。我们都知道爱是温暖且不灭的光。我们都对母性主义有所了解，这真的是在颠覆人们的想象，令人难以置信。她们怎么能这样做，怎么能对自己的骨肉做出这样的事？

在此，我们回到本章的起点，探索她们"自己的"概念的边界（如果有的话）。在某些代理型孟乔森综合征案例中，造孽者似乎是纯粹的、残暴的剥削者。这些人碰巧非常需要医疗系统的关注，同时发现患病的孩子是一个很好的切入点。如果在获得关注方面的回报是相同的，那么这种患有代理型孟乔森综合征的母亲会很容易就其金鱼的症状向兽医撒谎，或者就停止工作的钟控收音机向百货公司的人撒谎。孩子是物品，是棋子。在这些案例中，这些行为的犯罪性似乎远远超过了这些行为背后隐含的疾病。

但在某些情况下，真相要复杂得多。多项研究报告称，在大多数患有代理型孟乔森综合征的母亲中，她本人也患有孟乔森综合征。也许孩子一出生并且开始有代理型孟乔森综合征的症状，母亲的孟乔森综合征便得以治愈。也许孟乔森综合征是在代理型孟乔森综合征被发现和阻止后才开始的。也许它们是同时发生的，当一个疾病刚刚露出苗头而另一个疾病还在发展期时，母亲就开始同时出现两种疾病的症状。梅多斯记录了一些案例，在这些案例中，母亲和孩子之间存在捏造症状的实际"传播"。

那幅画面与将孩子视为钟控收音机的画面完全不同。这是一种病态的母子亲密交织，完全没有自我界限，病态地将孩子视为父母的延伸，不明白到底是什么构成了自己的血肉之躯。

这种交织才是代理型孟乔森综合征最令人不安的方面，因为它包含着一丝熟悉感。梅多斯和亚拉巴马大学的精神病学家马克·费尔德曼（Marc Feldman）将代理型孟乔森综合征和所有父母都会面临的更微妙的自我边界问题相提并论，即孩子在多大程度上是你的价值观、信仰、希望和失望的容器。当你第一次抱着你的孩子，当你意识到这个人很可能会在你离开很久之后还在那里，而你相信他总有一天会成为你的传记的一部分时，就会产生一种非理性的欲望。

注释和延伸阅读 ————————————————————

这篇文章对我有一种莫名的情感吸引力。多年来，我一直对孟乔森综合征很感兴趣，但对代理型孟乔森综合征只有模糊的认识。哦，是的，有时人们在他们的孩子而不是他们自己身上捏造症状，很奇怪。然后，我的第一个孩子出生了，大约 5 天后，在无数次半夜惊醒后重新入睡时，我突然陷入了极度的警觉中，想到，我的天哪，父母会患一种故意让孩子生病，故意伤害孩子的疾病。我迫切需要阅读与该主题相关的所有资源，并最终将其记录下来——这是教授的思维本能，当你对一个主题思考得越久，研究得越深入时，这一切终将会成为历史的一部分。因此，这将是一段特别长的笔记，在一定程度上反映了我强迫自己删减掉了多少冗长的文字。

1996 年 4 月 29 日，《新闻周刊》报道了珍妮弗·布什案的初步情况。美国佛罗里达州布劳沃德县的陪审团在经过仅仅 7 个小时的审议后，便为其母亲定罪，1999 年 10 月 7 的在《南佛罗里达太阳守望报》报道了这一定罪过程。

托马斯·萨斯的思想在其著作中进行了总结: *The Myth of Mental Illness* (2nd ed., New York: Perennial Editions, 1984); *Ideology and Insanity* (New York: Anchor Books, 1970)。

洁茜卡·杜布罗夫之死，以及莉萨·哈撒韦的引述均来自 1996 年 4 月 22 日的《时代周刊》和《新闻周刊》。

8 个月大的纳塔莉·米德尔顿 – 里普伯格（Natalie Middleton-Rippberger）感染了细菌性脑膜炎，并伴有明显的高烧（估计她的父母不会使用温度计）和严重的抽搐。她的父母没有寻求常规医疗护理，而是寻求基督教科学护士的帮助，护士建议父母让孩子保持温暖和注重营养，并通知基督教科学委员会：为孩子祈祷的速度没有预期的那么快。显然，纳塔莉在痛苦中死去本是可以轻易避免的，因此其父母被指控犯有危害儿童的重罪。

最高法院关于阿米什族儿童必须接受强制性教育的裁决见于 1972 年"威斯康星州诉约德案"（70-110）。基于希望在高中时期保护其孩子免受非阿米什文化的影响，一对名为约德的家长让他们的孩子辍学了，他们被传唤并被罚款。为表明每个参与其中的人都知道这是原则性问题，罚金定为 5 美元。约德提出了上诉。此案最终被提交到了美国最高法院。

美国威斯康星州的律师强调了对阿米什人表示尊重和钦佩，但辩称确保孩子们接受教育是该州的既得利益所在，那种八年学制与所要求的十年制不同。他强调高中是进行社交活动和选择的理想场所，而这正是父母所担心的。反过来，阿米什人的律师讨论了阿米什人在自然教育和实践教学方面是多么地成功，同时也阐述了让孩子上两年高中会如何破坏这种脆弱的少数族裔文化。睿智的黑袍人（法官）经过深思熟虑，做出了一项令人感到不可思议的裁决。

法官首先赞扬了阿米什人的教育系统："证据表明，阿米什人为他们的孩子提供了持续的非正式职业教育，旨在为他们在阿米什社区的生活做好准备。"他接着说道，威斯康星州给出的八年制教育不能让孩子为与外界打交道做好准备的相关观点不足为据，因为阿米什人无论在什么情况下都没有远离他们的社区。他们似乎没有注意到这其中的套套逻辑①：当他们的教育只是让他们做好成为阿米什人的准备时，很少有人能离开阿米什社区。没有针对离开社区的人的境遇进行讨论，也不知在这种特殊情况下孩子们想要的是什么。没有人提出这样的问题：一个如此脆弱，以至于会被两年的世俗高中摧毁的少数民族文化是否值得作为一件博物馆作品被保存下来？大多数人认为，"儿童权利"或"选择自由"等概念明显缺失了。

如前所述，法官以一种奇特的方式支持了阿米什人的诉求：他们的孩子可以在八年级后辍学。首先，他解释了为什么少上两年学不会伤害孩子们。让孩子们辍学，"不会损害孩子的身心健康"……也不会妨碍这些孩子履行"公民的义务和责任"。此外，如果阿米什儿童在某个时候碰巧离开社区，"没有具体证据表明……离开阿米什社区后，阿米什儿童……会成为社会的负担……或以任何其他方式严重损害社会福利"。很酷的标准。如果我的孩子只接受了足以确保其不会患精神病或降低国民生产总值的教育，我也肯定会感到满意。

---

① 套套逻辑，又被称为套套理论，在数学上常被称为重言式，经济学上意指一些在任何情况下都不可能是错误的言论。——译者注

然后，法官谨慎地限制了自己给出的决策的边界。首先，他提出你不能基于少数派哲学、少数派宗教而让你的孩子辍学。接下来，他鲜明地指出自己并不是在谈论所有应该得到这种保护的宗教。这是 1971 年，他不遗余力地警告嬉皮士崇拜的宗教不要计划开始任何愚蠢的行为。"这一点怎么强调都不为过，我们不是在处理声称最近发现了一些'进步'或更开明的现代育儿过程的团体的生活方式和教育模式。"（我的重点所在）所以穆尼（Moonies）和克里什纳（Krishnas）不能阻止他们的孩子去参加啦啦队。

孟乔森综合征中的孟乔森及代理型孟乔森综合征的来源：这一切都始于 18 世纪的冯·孟乔森男爵（与其同名的疾病所不同的是，他名字里带有两个"h"）。作为一名贵族士兵，他在 1737 年的俄土战争中与土耳其人作战，然后在其余生中，他一直在自己的庄园里向客人们讲述其与战争冒险精神和体育精神相关的故事。标准的说法是，孟乔森是一个令人厌烦的吹嘘自己故事的人，但最终有人出版了其故事合集。这个合集被视为自吹自擂的、虚构的、不可能的故事的缩影。据一位致力于为可怜的男爵洗白的修正主义历史学家说，这个家伙的故事实际上是真实的，而一些怀恨在心、一心想让男爵难堪的匿名人士显然得偿所愿，他们故意把水搅浑了，可参阅：Haddy R, "The Munchhausen of Munchause syndrome: A historical perspective," *Archives of Family Medicine* 2 (1993): 141。

关于本章中的一些案例，可参阅：Meadow R, "Munch-

ausen syndrome by proxy: the hinterland of child abuse,"
Lancet 2 (1997): 343; Bryk M and Siegel P, "My mother
caused my illness: The story of a survivor of Munchausen by
Proxy syndrome," *Pediatrics* 100 (1997): 1; Schneider D et
al., "Clnical and pathologic aspects of cardiomyopathy from
ipecac administration in Munchausen's syndrome by proxy,"
Pediatrics 97 (1996): 902; Seferian E, "Polymicrobial bacteria:
a presentation of Munchausen syndrome by proxy," *Clinical
Pediatrics* (July 1997): 419。

关于代理型孟乔森综合征父母和孩子的特征，以及代理
型孟乔森综合征诱发的症状范围，可参阅: McClure R, Davis
P, Meadow S, and Sibert J, "Epidemiology of Munchausen
syndrome by proxy, nonaccidental poisoning, and non-
accidental suffocation," *Archives of Diseases of Children* 75
(1996): 57; Rosenberg D, "Web of deceit: a literature review of
Muchausen syndrome by proxy," *Child Abuse and Neglect* 11
(1987): 547; Meadow R, "Munchausen syndrome by proxy,"
Archives of Diseases of Childhood 57 (1982): 92; Feldman
M, Rosenquist P, Bond J, "Concurrent factitious disorder
and factitious disorder by proxy. Double jeopardy," *General
Hospital Psychiatry* 19 (1997): 24。此时并无关于代理型孟乔
森综合征的可靠的统计数据，实际上，临床诊断的标准仍在
不断发展。随着人们对这种悲剧性病症的认识和诊断的不断
提高，也出现了针对代理型孟乔森综合征的虚假指控的悲惨
境遇。

关于代理型孟乔森综合征的讨论，可参阅：Meadow R, "What is, and what is not, Munchausen syndrome by proxy？" *Archives of Diseases of Children* 72 (1995): 534; Feldman, Rosenquist, and Bond, "Concurrent factitious disorder."。

患有代理型孟乔森综合征的母亲的社会操纵和边缘化特征在引用的代理型孟乔森综合征文献中处处可见：Foster T, "Munchausen's syndrome? We've met it head on," *RN*, August 17, 1996; Donald T and Jureidini J, "Munchausen syndrome by proxy: child abuse in the medical system," *Archives of Pediatric and Adolescent Medicine* 150 (1996): 753。

代理型孟乔森综合征和孟乔森综合征的同时发生首次讨论于：Meadow R, "Munchausen syndrome by proxy," *Archives of Diseases of Childhood* 57 (1982): 92。

代理型孟乔森综合征案例中最引人注目和最可怕的一个案例是瓦内塔·霍伊特（Waneta Hoyt）和阿尔弗雷德·斯坦施内德（Alfred Steinschneider）的案例，因篇幅过长，无法纳入主文中。1996 年，美国《雪城先驱报》对该案例进行了详细报道。20 世纪六七十年代，一名住在纽约雪城郊外的年轻女子霍伊特遭受了难以形容的痛苦，因为她的众多孩子均死于婴儿猝死症（SIDS）。斯坦施内德当时是锡拉丘兹北部医疗中心的一名年轻的儿科医生，正致力于成为一名研究人员，并且他认为婴儿猝死症是由呼吸暂停（一种神秘的呼吸停止）引起的。霍伊特带着她的第四个孩子莫莉来到了他的诊所。她的前三个孩子均死于婴儿猝死症，而第四个孩子又有了麻烦。据霍伊特描述，晚上这个孩子在家时出现了同样的情况，孩子有可怕的呼吸暂停发作，需要复苏，在受到强烈刺激后才能再次呼吸。这似乎有力地证实了斯坦施内德的关于呼吸暂停在婴儿猝死症中起关键作用的理论，即对于某些婴儿而言，脑干中在睡眠期间调节自动呼吸的神经元的功能可能不成熟，可能会长时间停止工作，从而导致死亡。

斯坦施内德认为这种不成熟具有很强的生物学意味，这是系统中的一个固有缺陷，而婴儿猝死症可以像霍伊特描述的那样世代相传的事实似乎支持了他的想法。这些可怜的孩子天生就有一种生理缺陷，这使得他们可能会在睡梦中死去。幸运的是，斯坦施内德正处于其所在的科学领域的最前沿，莫莉·霍伊特成为第一个在家中使用由医生开发的呼吸暂停监测仪的孩子。开发者当时的想法是，没有父母可以每晚都守在孩子身旁以防孩子停止呼吸。相反，这台机器会对呼吸进行监测，在每次呼吸暂停时发出警报，这样父母就可以冲进去抢救孩子。正如霍伊特所说的那样，这对于莫莉来说效果很好，监测仪显示莫莉几乎每晚都有呼吸暂停发作。霍伊特会将机器作为对莫莉实施刺激的指标，有时会在问题多到自顾不暇时将她带到医院。在机器的帮助下，她让孩子多活了几个月，直到大脑中那些呼吸中枢完全崩溃；莫莉在将近三个月大时在家中去世，因为她的母亲疯狂地以口对口的人工呼吸来启动她的呼吸反射。一年后，霍伊特和她的丈夫有了第五个孩子诺亚，他们不得不再次忍受这个残酷的轮回：这个婴儿依然容易出现一系列严重的呼吸暂停，半夜监护仪的警报又一次发出了与呼吸危机有关的信号，直到最后，生命再次陨落，又一个两个月大的孩子死去。

霍伊特和斯坦施内德都为彼此提供了帮助。莫莉和诺亚的案例是斯坦施内德在 1972 年发表的具有里程碑意义的论文的核心。在那之后的大约 10 年里，睡眠呼吸暂停成了理解婴儿猝死症的主要范式，而斯坦施内德是其中最受赞誉的领军者。他晋升为教授，最终被更负盛名的大学聘用，甚至拥有了自己的由心怀感激的捐助者资助的研究所。在这 10 年里，斯坦施内德获得了美国国立卫生研究院用于婴儿猝死症研究的所有资金的四分之一，大约有 500 万美元，他是拿到最多研究经费的科研人员。由斯坦施内德提供的文件表明，他的呼吸暂停监测器自推出以来降低了锡拉丘兹地区的婴儿猝死症死亡率，销量节节攀升。

不过，有些地方不太对劲。

与以往一样，最初是一位敏锐的护士发现了母亲行为中的异常，而非医疗报告上的异样。瓦内塔·霍伊特似乎有些不对劲。她和工作人员很合群，但她对自己的孩子很冷漠，似乎远不如护士们那么关心孩子。斯坦施内德为霍伊特进行了辩护，认为她对孩子的疏远是一种保护机制。但问题不止于此。家庭监护仪显然故障频出，无法区分真正的呼吸暂停和一种由于系统故障而多次出现的误报。也许这些婴儿并没有如此频繁的呼吸暂停？最重要的是，工作人员很快就发现了问题中的关键指标：莫莉和诺亚在医院里似乎从未真正发生过呼吸暂停。无呼吸暂停，无须复苏，无须刺激即可重新开始呼吸。当诺亚被送回家时，护士们都哭了，推测霍伊特会杀了他。第二天，诺亚真的死了。

那个病房里再也没有霍伊特的消息。与此同时，斯坦施内德理论成了整个 20 世纪 70 年代对婴儿猝死症的主要解释。到了 20 世纪 80 年代中期，事情发生了变化。越来越多的研究人员对呼吸暂停在婴儿猝死症中的影响力提出了质疑。美国儿科医生的蓝带委员会^① 得出的结论是，家庭监护仪对预防婴儿猝死症毫无用处。很明显，斯坦施内德一再宣称的其监护仪能降低婴儿猝死症的发病率纯属无稽之谈。在此期间，婴儿猝死症的发病率在全美国范围内都在下降，而斯坦施内德从未提出任何可以表明锡拉丘兹地区的下降幅度更大的证据。

1994 年，纽约州一位热切且持怀疑态度的地方检察官决定继续审理霍伊特案。在被带走接受讯问后的几个小时内，霍伊特承认自己用窒息的方法杀害了这 5 个孩子。

在审判中，医疗记录显示，医院里从未发生过需要对霍伊特的孩子进行复苏的呼吸暂停事件；任何此类事件均来自霍伊特的自述。护士们出庭作证说，这些孩子在医院时从未

---

① 简称 BRC，指由一些专业人士组成的，旨在对某项社会事务进行调查研究的组织。——译者注

发生过呼吸暂停。斯坦施内德为辩方作证时坚称发生了这样的事件，就像他在 1972 年的论文中所写的那样。但对于这些假设的情节是什么时候发生的，谁是主治护士，他想不起来了。为何在呼吸暂停事件被视为该研究单位科学存在的理由的最关键、最可证实的事件之时，这些事件全都没有被记载于医院记录之中？一定是护士们忘记做记录了。霍伊特为什么会认罪？她一定是被迫的。这给人留下的印象是，斯坦施内德伪造了自己职业生涯中最重要的数据，还在法庭上做了伪证，以捍卫霍伊特和自己的职业生涯。

瓦内塔·霍伊特的动机仍不明了。在她的供述中，她声称自己因为孩子们不停哭闹而闷死了他们。如果是这样，这种冲动的暴力行为就不能被归为代理型孟乔森综合征。然而，正如护士所说的那样，孩子们平静的性格、夜间反复窒息的模式、引起医疗机构的关注（而不是紧张地回避）都与这一动机相悖。相反，当时观察霍伊特的护士强调，由于其处境独特且悲惨，她似乎很渴望得到关注，这表明孩子们的实际死亡是由过度窒息造成的，这是典型的代理型孟乔森综合征范式。人们当然想知道斯坦施内德的动机是否与这项具有里程碑意义的研究能使其在医学界获得相应的权力和声望有关。因此，在斯坦施内德博士的案例中，我们在这里设想了一个极其罕见的代理型孟乔森案例的可能性。

第 3 部分

社会与我们是谁

Monkey-luv

有时，我想知道如果他们没有离开，我会成为什么样的人。从 1905 年到第一次世界大战期间，我的所有家族成员纷纷离开俄罗斯，其间还发生了几次险情：火车快要开了，我祖父差点没能上来。后来我出生在了美国，否则我的人生很可能会是另一番景象。与美式风格（勃肯鞋、滴酒不沾的素食主义者、牛仔裤）相比，我可能会成为一个标准的斯拉夫人吧？吸烟、喝伏特加酒、穿不合身的波兰产的西装，以及痴迷于小麦遗传学或拓扑结构。也许我根本不会成为一名学者，我会成为某个冻原村庄的小贩，同一个擅长用萝卜和土豆做饭的人成婚吧？

由于移民的存在，美国仿佛成了平行宇宙。是做湄公河三角洲的渔夫还是硅谷的程序员？是有个拉贾斯坦邦牧驼人的妻子，还是成为休斯敦家庭医生或周末垒球联赛的王牌？这个假设的核心是一个关键事实：我们是由我们所生活的社会塑造的，如果我们在别处长大，可能会成为另一个人。你所使用的语言会限制你的思维模式（这一发现在人类学和语言学界已流传了近一个世纪）。研究表明，你所处社会的经济结构将影响你在正式的博弈论环境中是倾向于合作还是作弊。一种文化的婚姻结构将有助于确定诸如一个男人在结婚典礼上最突出的想法是：我将与这个人分享余生的爱，有一天我将死在其怀中，还是用 14 头牛换娶第三个妻子（该死，我想我被敲诈了）？你所处文明的神学、神话和都市传说将塑造你如何看待生活中的一些最基本的问题，如性本善还是性本恶。

如果我们所处的文化塑造了我们的思想、情感和行动，那么它也必然会塑造我们的生物学基础。原因很明显，你所生活的文化结构决定了你所接触的饮食、接受的医疗护理，以及每天赖以生存的身体素质。但文化或生物学方面的联系可能比这更为直接和根本。以儿童发展为例。康奈尔大学人类学家梅里迪丝·斯莫尔（Merideth Small）在其《我们的孩子，我们自己》（Our Babies, Ourselves）一书中探讨了世界各地的育儿实践。你可以从阅读这本书开始，将其视为装满处方的分类盒，你可以从中选取适合自己的孩子的完美组合：夸扣特尔婴儿饮食、特罗布里恩睡眠计划和伊图里俾格米人婴儿有氧运动计划。但是，斯莫尔强调，没有完美的"自然"程序。

父母在社会中抚养孩子，使他们成长为以该社会所重视的方式行事的成年人，因此他们在各种衡量标准上存在巨大差异。在特定文化中，孩子被父母、非父母抚养的频率通常各有多高？婴儿是否曾独自睡觉，如果是，从几岁开始？孩子在被抱起并得到安抚之前的平均哭泣时间是多长？大量文献表明，诸如此类的变量会影响大脑的发育。例如，麦吉尔大学的迈克尔·米尼（Michael Meaney）及其同事进行的一些研究表明，不同类型的啮齿动物育儿的精确机制（一些老鼠相较其他而言，是更为细心和更擅于养育的母亲）将在其幼崽的余生中不同程度地激活它们大脑中的某些基因。

在这一部分，我将以 3 种形式探讨这些观点：首先，你生活的社会及你在社会中的地位将影响你的生物学特质。其次，社会在人们如何看待自己的行为的生物学方面存在差异。最后，生物因素，如人们居住的生态系统，将塑造他们所形成的社会类型。

《经济地位与健康》是 1998 年发表在《发现》上的，这篇文章探讨了第一个观点，即你的社会地位是如何影响你身体所患的疾病类型的。众所周知，在所有西方社会中，贫穷且"社会经济地位"低的人更容易患上疾病。在这篇文章中我会用带有讽刺意味的俏皮话探讨富人中更常见的一小部分疾病。《文化的沙漠》这篇文章是 2005 年发表在《发现》上的，探讨了生态是如何塑造神学的，并提出了"由于生态学的缘故，主宰这个星球、产生类似于世界文化的文明是最不吸引人的"这一观点。

《猴子之爱》是 1998 年发表在《科学》上的，这篇文章着眼于非人灵长类动物社会中变幻莫测的激情和性吸引力。《合作的博弈》是 2002 年发表在《博物学》上的，这篇文章探讨了演化生物学中的一个关键问题，即社会（人类或其他社会）是如何发展合作系统的。正如文中所述，通往这种情况的直接的和值得称道的途径是极不可能的，而一种更为情绪化和令人不安的途径则更为合理。

《活要见人，死要见尸》是 2002 年发表在《发现》上的，这篇文章着眼于不同文化中的人们对遗体的不同看法。切入点是一件非常私人的事件，它是一个谜团，与我在高中时的两位朋友的失踪有关，而在 20 多年后也还只是部分得到了解决。

《保持开放的思想》是 1998 年发表在《纽约客》上的，这篇文章探讨了一个问题，随着时间的推移，作为一名科学家、作家和社会性哺乳动物，我对这个问题越来越感兴趣，即文化的标志之一是新事物的产生，无论是以思想、艺术或技术中的哪种形式，那么为什么随着年龄的增长，我们越来越难以接受这种新奇事物，而是更多地被熟悉的和重复性的事物所吸引？为什么一旦我们过了那个充满惊喜的年轻时代，就会成为购买深夜电视广告上那些我们青少年时期"最佳"音乐选辑的傻瓜呢？

第 13 章　经济地位与健康

／

现代科学终于为我们提供了一些可以帮助所有人选择生活方式的信息。如果你想过上健康长寿的生活，富有远比贫穷更可取。更具体地说就是，尽量不要生于贫困，如果不幸你刚好生于贫困，那就尽快改变你的人生处境。

人们早就知道健康领域存在着所谓的"社会经济地位梯度"。例如，在美国，你越穷，患心脏病、呼吸系统疾病、溃疡、类风湿病、精神疾病或多种癌症的可能性就越大。这是一种巨大的影响：社会经济地位至少能影响 5～10 年的预期寿命，在某些情况下，疾病或死亡风险会随着我们所在的社会从最富裕阶层到最贫穷阶层的演变而增加 10 倍以上，且恶化程度会逐渐增强。

当然，对于这个梯度是关于什么的，已经有了一些非常积极的理论和研究。

第一个明显的可能性是医疗保健的普及问题。穷人负担不起预防性健康措施、定期体检或在身体出现问题时金钱可以买到的最好的护理。这应该可以解释很多正在发生的事情。但事实证明并非如此。在文雅且平等的斯堪的纳维亚国家中，存在着强大的社会经济地位健康梯度，就像在工人的天堂苏联一样，尽管在这两种情况下，社会经济地位健康梯度的强度都不及汗流浃背的资本主义美国。此外，尽管建立了全民医疗保健体系，但20世纪的英国的社会经济地位梯度仍在恶化。最后，很多疾病的社会经济地位梯度同样清晰，这些疾病的流行与预防措施、医疗保健的可及性无关。当涉及这些疾病（如青少年糖尿病）时，你可以每天去看3次医生进行预防性检查，并且最好每周六做一次相应的治疗，但这仍然不会改变你的风险。如此说来，有限的医疗保健服务是社会经济地位梯度形成的原因。

形成这种梯度的另一个明显因素是穷人的健康风险太多，同时其生活中有利于健康的因素又太少。这至关重要。穷人更有可能吸烟、酗酒和肥胖。此外，社会中也存在着生活条件分布不均衡的现象，有的人住在有毒垃圾场附近、从事危险的工业职业、被帮派大战所包围，而有的人被健身俱乐部、无农药蔬菜和减压爱好机构所包围。然而，生活方式的主要风险因素和保护因素仅占导致社会经济地位梯度变化原因的三分之一。

人们认为教育也发挥了作用。受教育程度是社会经济地位状况的极其可靠的相关因素，受教育程度低是造成穷人健康状况不佳的部分原因，与穷人对医疗保健及风险所知较少有关。研究表明，事实上受教育程度低的人不太可能遵循复杂的药物治疗方案，不太可能了解巴氏涂片检查之类的结果，对吸烟有害健康也不甚了了。而且，值得注意的是，新的医学进步往往会使社会经济地位梯度恶化，原因很简单，受过良好教育的人才知道这些进步，了解其意义，并知道如何获取这部分资源。尽管如此，教育不能成为社会经济地位健康梯度的主要解释，因为在那些文凭不起任何作用的疾病中，这种梯度仍然存在。

面对诸如此类的发现，该领域的大多数人开始相信社会经济地位梯度主要与社会心理因素有关，也就是说主要与贫困压力有关。如果你认为在公司的阶梯上奋力攀登会带来压力，那就躺平吧。心理压力是建立在缺乏控制、可预测性、渠道和社会支持的基础上的，而穷人则深陷其中：经济衰退时的裁员、贫民区房东可能恰好不开暖气、难以消受的假期，且每个人都因打两份工而疲惫不堪，"社会支持网络"是雅皮士①行话。支持这一点的是，对压力最敏感的疾病（如精神疾病和心脏病）具有最为陡峭的社会经济地位梯度。一些极其重要的研究工作进一步表明了压力与此相关。虽然客观社会经济地位可以很好地预测各种健康指标，但主观社会经济地位往往是更好的预测指标。换句话，最重要的不是贫穷，而是感觉很穷。而且，正如另一项重要研究发现的那样，在像美国这样的地方，感觉很穷通常意味着让人感觉很穷，因为这是由严重的收入不均造成的相对贫困。

虽然研究人员还在继续研究导致社会经济地位梯度的原因中的细微差别，但不可否认的是它的存在和程度之高。这里有一个令人印象深刻的例子：在一项研究中，研究人员检查了一组年迈的修女的健康状况。这些女性在一起生活了几十年，享有相同的医疗保健、饮食和健康利害条件。值得注意的是，当这些女性年纪轻轻就成为修女时，

---

① 雅皮士是20世纪80年代初出现的一个术语，指在一个城市中工作的年轻的专业人员。——译者注

社会经济地位梯度就预测了她们的疾病模式和寿命。无论形成这种梯度的原因是什么，贫困都会给健康留下伤疤。

因此我要再次强调，如果你想减少自己身患大多数疾病的可能性，就要努力致富。但事实证明，这也不是绝对正确的。因为有一些疾病显示出了反社会经济地位梯度的现象，即富人更容易感染这些疾病。这些疾病教给我们一些关于社会、疾病本质的知识，以及金钱可以买到的可以把危险指数降到最低的最好医学护理（本章的重点）。

在某些情况下，没有人知道为什么一种疾病在富人中会更为普遍。其中一个例子是自身免疫性疾病，即你的免疫系统意外地将你身体的一部分视为外来入侵者并对其发起攻击。很多自身免疫性疾病，例如类风湿性关节炎（你的关节受到攻击），都显示出了穷人遭受的典型的社会经济地位梯度问题。但令所有人大惑不解的是，多发性硬化症存在反梯度特征，这是一种由一部分神经系统受到免疫攻击而引发的疾病。

对于一些疾病，反向社会经济地位模式有着合乎逻辑的解释。美国经济学家、社会学家索尔斯坦·凡勃伦（Thorstein Veblen）在其《有闲阶级论》（*Theory of the Leisure Class*）一书中描绘了不同社会中懒惰财富的象征。在美国西部，如果一个牧场主足够富有，他可以让他的一些牧场休牧，以保留这块明显靠近自己房子的会让客人们称赞的草地，草坪由此而来（不幸的是，凡勃伦的寿命不够长，无法将粉色塑料火烈鸟草坪①纳入其思想）。对于19世纪富裕的都市人来说，

---

① 粉色塑料火烈鸟是美国常见的草坪装饰品。——译者注

凡勃伦健康休闲的象征是雪花膏般的白皮肤。时间和社会都在发生变化，至少直到最近，一年四季的棕褐色皮肤已经成为"烤肉"特权的标志：海滨别墅、滑雪之旅和网球场。事实证明，黑色素瘤呈现出了反向社会经济地位梯度。真正在阳光下工作的人不会全身都被晒黑，他们只是会有红色的脖子。或者，更为常见的情况是，他们根本不会被晒黑，因为这个国家的农场工人皮肤中的黑色素通常比晒黑沙龙广告中的模特皮肤中的黑色素多得多。

在某些情况下，反向社会经济地位梯度的出现是由于检测出现了混淆，没有检测出事实状况。长期以来，脊髓灰质炎一直被认为是富人病，如美国前总统罗斯福因在乘游艇时受凉而不得不坐上了轮椅。范德比尔特大学医学院的西奥多·平克斯（Theodore Pincus）曾写过关于这是一种怎样的扭曲的文章。实际上，穷人通常生活在人口密度更高的地方，他们很容易感染脊髓灰质炎病毒，这通常会发生在其出生后的头几个月。但关键是脊髓灰质炎只会导致新生儿出现轻微和短暂的呼吸问题。确实有更多的穷人患上了脊髓灰质炎。他们不是没有患上某种疾病，只是没有被检测到而已。

明尼苏达大学的灵长类动物学家克雷格·帕克（Craig Packer）报告了我认为是一个伪反向社会经济地位疾病的例子，主角是狒狒。狒狒群体中不存在社会经济地位，但它们肯定有社会地位，即支配地位。一个低等级的狒狒与一个贫穷的西方化的人类之间有很多共同点，包括身体和心理压力源的不成比例。包括我自己在内的很多科学家都发现，低等灵长类动物存在着健康状况恶化的迹象，包括血液中的压力激素增多、免疫系统紊乱和血压升高。出乎意料的是，帕克及其同事报告了与流产相关的反向梯度，因为等级较高的雌性的流产率最高。我和我的一些同事提出了一个类似于脊髓灰质炎的检测问题。在帕克研究的野生狒狒中，你无法在进入怀孕中期（此时其会阴周围的皮肤会呈现出独特的颜色）之前判断雌性狒狒是否怀孕。因此，根据定义，这并不属于在等级较高的雌性中检测到了更多流产的情况。检测到的更多的是妊娠中期或晚期的流产。实验研究表明，大多数灵长类动物的流产会发生在妊娠期的前 3 个月，并且对压力最敏感（与晚期流产相反，早期流产通常与遗传异常或胎盘功能障碍有关）。因此，我们认为实际上流产更多的还是等级较低的雌性，但根本不可能在野生种群中检测到这一点。毫不奇怪，这场辩论中的双方无法就大家都关切的话题达成统一。

但我发现最有指导意义的反向社会经济地位疾病是真实存在的，并且其发生的原因非常合乎逻辑。这是一种被称为"医院病"的儿科疾病。现在，它已成为历史，但它曾经存在的事实构成了一段令人震惊和担忧的医学史。

要想理解医院病，必须考虑这样一个事实，即在很多传统社会中，新生儿通常在长到数月或几岁时才会拥有名字。出现这一现象的原因是那时的婴儿死亡率极高，人们总是等孩子真正存活下来后再给他取名。20 世纪初，美国孤儿院（收养弃婴或孤儿的机构）可能已经存在类似的文化适应。这是因为他们的死亡率高得惊人。1915年，一位名叫亨利·蔡平（Henry Chapin）的医生在美国调查了 10 家这样的孤儿院，并报告了不需要统计员就能检测到的数字：除了一个机构，其他被调查的机构中的所有孩子都在两岁之前死亡了。所有孩子！大约 90 年后，当人们读到蔡平这生硬、矫揉造作的文字时，甚至不知道该如何处理这些令人痛心的数据。

当时医院中的儿童的情况也只是稍微不那么可怕。一个典型的住院两周以上的孩子会开始表现出"医院病"的症状：尽管食物摄入充足，但仍然无精打采。医院病涉及肌肉萎缩和反射丧失，且会大大增加胃肠道和肺部感染的风险。综合来看，得了医院病后，死亡率几乎增加了 10 倍。

学者们有自己的猜测。当时的医院是危险且不健康的地方，人们认为孩子们挤在儿科病房里，就会得传染病。在蔡平生活的时代，肠胃问题最受关注。大约 10 年后，肺部问题，尤其是肺炎，成为人们关注的焦点。当时还出现了各种各样花哨的术语来描述这种"瘦弱的"儿童，但每个人都没有弄清楚医院病到底是什么。

我们现在知道了。医院病当时处于两种观念的交叉点：不惜一切代价推崇无菌条件，以及儿科机构的专业人士（绝大多数是男性）认为抚摸、拥抱、养护婴儿是多愁善感的母爱泛滥。

常言道：孩子应该被看到而不是被听到，孩子不打不成器。虽然 20 世纪初的美国在很大程度上已经摆脱了血汗工厂童工的严酷世界，但按照现在的标准，大多数专家关于适当育儿的观念被认为是冷酷无情的。与几十年前的本杰明·斯波克（Benjamin Spock）博士齐名的哥伦比亚大学的卢瑟·霍尔特（Luther Holt）博士，撰写了当时最畅销的育儿书《儿童的照料与喂养》(*The Care and Feeding of Children*)。在这本书中，他警告家长说使用摇篮、在孩子哭的时候抱起孩子或过于频繁地抱着孩子的"恶习"会产生不良影响。

如果父母被灌输这样的思想，想象一下，当在孤儿院或医院面对满是孩子的病房时，护士或看护人员与孩子互动的机会有多小。一名芝加哥儿童纪念医院的儿科医生指示他的工作人员每天接送和"逗"每个婴儿几次，多年后，他仍然因为这样做而被认为是特立独行的人，因为他是一个思想超前于其生活的时代的老好人。父母们通常每周只被允许在医院里探视孩子几个小时。

到1942年，纽约大学的一位名叫哈利·巴克温（Harry Bakwin）的医生对发展心理学进行了充分的研究，正确地解释了医院病，即"情感剥夺"。或者，用他在一篇医学论文题中所引入的专业术语来表述，即"孤独"。

当母鼠对幼鼠进行整饰时，幼鼠会分泌触发细胞分裂的生长激素，这说明母亲的抚摸对正常生长至关重要。麦吉尔大学的迈克尔·米尼及其同事在一系列引人注目的研究中表明，作为一只幸运的老鼠，它的母亲对其做了大量的舔舐和整饰，导致了其大脑发育过程中的一系列变化，进而产生了终身影响：这只幼鼠在成年后分泌的压力激素较少，强迫学习的效果更好，且可能会延缓其大脑衰老。灵长类动物研究中也出现了类似的主题，以哈里·哈洛（Harry Harlow）的经典著作为起始，他认为幼猴比一般的与医院病做斗争的儿科医生更了解发育：如果可以选择的话，猴子更喜欢的是母亲的抚摸而不是母亲能提供的营养。而且这也不是单纯的触觉刺激。哈洛在讨论灵长类动物的正常发育和本质时，敢于在现代科学文献中注入"爱"这个词。在人类身上，每一本关于生长的内分泌教科书中都包含由情绪剥夺导致的严重甚至致命的发育障碍。这被称为社会心理侏儒症。

医院里的婴儿，尽管有足够的营养、足够数量的毯子，能避免各种医疗威胁，但会因情感匮乏而日渐瘦弱。当他们变得抑郁和无精打采时，其免疫系统可能会减弱（年轻的非人灵长类动物也经历了类似的剥夺）。很快，他们就会成为当时医院中常见的胃肠道或呼吸道感染的受害者。到那时，又会触发人们对无菌隔离的狂热。儿科医生会认为感染是一个原因，而非住院治疗的结果，孩子们会很快被送到隔离病房，以防他们与他人触碰。同时，死亡率会飙升。

现在这一切都说得通了，我们现在给出的解释对于那个时代爱岗敬业的医生来说是难以理解的，对于他们来说，与疾病作斗争始于细菌理论，也终于细菌理论。为什么医院病存在反向社会经济地位梯度？这些陈旧的论文中有很多趣闻。你几乎可以觉察到这些专家的困惑，因为他们偶尔会提出一个奇怪的统计数据问题：孩子们似乎不太可能在条件较差的医院中死于医院病，这些医院无法为瘦弱的儿童提供最先进的机械隔离箱。

这里有一些值得学习的教训。医院病的具体教训仍然具有相关性。现代医学已经发展到完全有能力来挽救早产儿的生命，即使是早产数月、体重只有一两磅的早产儿。但是，这种勇敢行为的先决条件是新生儿重症监护病房，在那里医生仍然会以无菌为由不允许父母给予孩子以爱抚。在20世纪80年代初期，迈阿密大学医学院的蒂夫尼·菲尔德（Tiffany Field）及其同事进入这种新生儿病房并开始抚摸孩子们：每天3次，每次15分钟，轻抚其身体，伸展其四肢。这创造了奇迹。与未被抚触过的早产儿相比，这些孩子的生长速度快了近50%，且表现得更加活跃和警觉，行为成熟得更快，出院时间也快了近1周。几个月后，被抚触过的孩子的表现仍然比没有被抚触过的早产儿要好。

我的感觉是，这一重要发现尚未得到尽可能广泛的实施。人们不必去新生儿重症监护室或去查阅早先的医学论文，就可以找到像医院病这样的事物。把一个需要帮助的正在哭泣的孩子抱在怀里，让他感受安慰带来的舒适感，感受这种世界是公平的和安全的短暂错觉，然后再想想罗马尼亚孤儿院里的那些孩子，他们那如同得了医院病的样子令人窒息。

但这里有一些更广泛的伦理问题。用作家沙勒姆·阿莱赫姆（Sholom Aleichem）的话来说就是：虽然贫穷并不可耻，但也不是什么莫大的荣誉。尽量不要使自己陷入贫穷。也许可以做点什么来帮助那些需要帮助的人。医疗保健不仅仅是消灭细菌，正常发育所需的也不仅仅是充足的营养。即使你非常富有，你仍然需要使用防晒霜。

还有一个终极伦理准则，它听起来应该只是警告，而不是一些反科学式的咆哮。当我们生病时，当我们所爱的人生病时，当对死亡的不可思议的恐慌突然出现时，我们当中更为积极主动的人会立即采取行动。查看医学杂志、健康杂志，利用所有关系，打电话给自己认识的或亲戚朋友认识的专业人士，所做的这些都是为了找出最好的、最新的治疗方法。这里的寓意是，最新的药物在医学上并不一定总是热门。

这不是非常实用的经验，因为医疗事故在第一次出现时是无法被识别的。曾经有一位走在科研前沿的医师将最新情况告知了一位自己偏爱的病患，可能是运用寄生虫的治疗方案，可能是通过失血来释放一些不好的体液的方法，也可能是新药沙利度胺的免费试用装。这也许是给焦虑的父母的一种宽慰，他们生病的孩子将被安置在配备了最现代化的医疗设备的儿科病房里。

注释和延伸阅读

健康与社会经济地位之间的关系是一项重大课题，可参阅: Wilkinson R, *Mind the Gap: Heirarchies, Health and Human Evolution* (London: Weidenfeld and Nicolson, 2000); Marmot M, *The Status Syndrome* (New York: Scribner, 2004); Budrys G, *Unequal health: How Inequality Contributes to Health or Illness* (Lanham, MD: Rowman & Littlefield); Kawachi I and Kennedy B, *The Health of Nations: Why Inequality is Harmful to Your Health* (New York: The New Press, 2002); Sapolsky R, *Why Zebras Don't Get Ulcers: A Guide to Stress, Stress-Related Diseases and Coping*, 3rd ed. (New York: Henry Holt, 2004), chap.17。

关于主管社会经济地位的工作，可参阅: Adler N, Epel E, Castellazzo G, and Ickovics J, "Relationship of subjective and objective social status with psychological and physiological functioning: Preliminary data in healthy white women," *Health Psychology* 19 (2000): 586; Goodman E, Adler N, Daniels S, Morrison J, Slap G, and Dolan L, "Impact of objective and subjective social status on obesity in a biracial cohort of adolescents," *Obesity Research* 11 (2003): 1018;Singh-Manoux A, Adler N, Marmot MG, "Subjective social status: its determinants and its association with measures of ill-health in the Whitehall II study," *Social Science and Medicine* 56 (2003):

1321. 上文中引用的有关健康和收入不平等的文献可参阅威尔金森的综述。

关于修女的相关研究，可参阅: Snowdon D, Ostwald S, and Kane R, "Education, survival and independence in elderly Catholic sisters, 1936—1988." *American Journal of Epidemiology* 120 (1989): 999; Snowdon D,Ostwald S, Kane R, and Keenan N, "Years of life with good and poor mental and physical function in the elderly," *Journal of Clincial Epidemiology* 42 (1989): 1055。

关于反社会经济地位疾病，可参阅: Pincus T and Callahan L, "What explains the association between socioeconomic status and health: Primarily access to medical care or mind-body variables?" *Advances* 11(1995): 4; Kitagawa E and Hauser P, *Differential Mortality in the United States* (Cambridge:Harvard University Press,1973); Pincus T in Davis B, ed., *Microbiology, Including Immunology and Molecular Genetics*, 3rd ed. (New York: Harper and Row, 1980)。

关于狒狒和流产率，可参阅: Altmann J, Sapolsky R, and Licht P, "Scientific correspondence: Baboon fertility and social status," *Nature* 377 (1995): 688。

关于住院病，可参阅: Chapin H, "Are institutions for infants necessary?" *Journal of the American Medical Association*,

January 2, 1915; Chapin H, "A plea for accurate statistics in infants' institutions," *Transactions of the American Pediatric Society* 27 (1915): 180; Bakwin H, "Psychological aspects of pediatrics," *Journal of Pediatrics* 35 (1949): 512。

关于卢瑟·霍尔特研究的研讨内容，可参阅: Montagu A, *Touching: The Human Significance of the Skin* (New York: Harper and Row, 1978)。

关于芝加哥儿童纪念医院的讨论，可参阅: Brennemann J, "The infant ward," *American Journal of Diseases of Children* 43 (1932): 577。

关于孤独是医院病的一个因素，可参阅: Bakwin H, "Loneliness in infants," *American Journal of Diseases of Children* 63 (1942): 33。

关于老鼠舔舐等研究，可参阅: Kuhn C, Paul J, and Schanberg S, "Endocrine responses to mother-infant separation in developing rats," *Developmental Psychobiology* 23 (1990): 395; Meaney M, "Maternal care, gene expression, and the transmission of individual differences in stress reactivity across generations," *Annual Review of Neuroscience* 24 (2001): 1161; Harlow H, "The nature of love," *American Psychologist* 13 (1959): 673; Deborah Blum, *Love at Goon Park: Harry Harlow and the Science of Affection* (New York: Perseus Books,

2002); Sapolsky R, *Why Zebras Don't Get Ulcer*, cited above。

关于分离抑制非人灵长类动物的免疫系统，可参阅：Coe C, "Psychosocial factors and immunity in nonhuman primates: A review," *Psychosomatic Medicine* 55 (1993): 298。

关于蒂夫尼·菲尔德的抚摸研究，可参阅：Field T, Schanberg S, Scarfidi F, and Bauer C, "Tactile kinesthetic stimulation effects on preterm neonates," *Pediatrics* 77 (1986): 654。

Gunnar M, Mirison S, Chisholm K, and Schuder M, "Salivary cortisol levels in children adopted from Romanian orphanages," *Development and Psychopathology* 13 (2001): 611. 对于任何有孩子的人来说，这可能是一部令人心碎的文学作品，让人根本读不下去。

第14章　文化的沙漠

一个瑞典人和一个芬兰人相约来到酒吧。他们是老朋友了，在酒吧里静静地坐着喝伏特加。几个小时过去了，两人一言不发地喝酒。最后，6个小时过去了，瑞典人有点醉了，因有感于生活、爱情和友情，于是举起酒杯对他的朋友说："祝你健康。"芬兰人回答说："瞧瞧你，究竟是来喝酒的还是来聊天的？"

这个笑话是一位瑞典科学家在斯德哥尔摩的一次会议上告诉我的，当时我们这些美国人一直嘲笑瑞典人，笑他们不善言辞。你会不会觉得我们很坏？你应该看看那些邻居。然而，为什么斯堪的纳维亚人就该被认为是沉默寡言的，而地中海人却不是这样的呢？为什么比起瑞士人，巴西人在世界杯比赛中更容易展现那些让人为之疯狂的歌舞、面部彩绘和奇装异服？为什么不入流的婚礼乐队歌手会低声哼唱来自伊帕内玛而不是来自杜塞尔多夫的女孩？

在整个地球上，你所创造出的文化类型都与你所居住的地方有关。与热带雨林社会相比，传统的苔原社会更可能具有共同的文化模式（无论这些苔原社会是否源自共同的祖先文化）。高海拔的高原文化可能与海洋群岛的渔业文化在系统性方面有所不同。生态系统类型和文化类型之间的一些相关性竟然是可预测的：陶雷格沙漠游牧民族不是那种会用 27 个不同的词来形容雪或鱼钩类型的人。但其中一些相关性远不是可预测的。作为本章的主要观点，这对我们人类所造就的行为样式产生了巨大影响。

将文化与气候及生态联系起来的尝试由来已久，希罗多德早在孟德斯鸠之前就这样做了，但随着人类学作为一门学科的兴起，这些尝试变得"科学化"了（如果不是实质上的，至少也是形式上的）。毫不奇怪，最初的尝试往往不是科学的，而是早期主导人类学的白人男性种族主义的怒吼。换句话说，每项研究似乎都产生了无可辩驳的科学证据，证明北欧的生态系统产生了优越的文化，更先进的道德、技术和智力发展，以及更好的炸肉排。

更多当代社会人类学代表了从那些知识型父亲的"罪恶"中，从构成早期人类学核心的令人反感的种族主义中的退却。一种解决方案是坚决避免比较不同的文化。这开启了一个时代，一些人类学家可以倾尽整个职业生涯来记录喀麦隆东北部一个农民家族的青春期仪式。尽管如此，一些人类学家仍然是多面手，他们研究跨文化模式，并谨慎行事以避免产生意识形态偏见。很多人类学家仍然是在生态如何影响文化的背景下构建这种跨文化工作的。

哈佛大学的约翰·怀廷（John Whiting）是现代生态人类学的先驱之一，他在 1964 年发表了一篇题为《气候对某些文化习俗的影响》（*Effects of Climate on Certain Cultural Practices*）的论文。例如，他通过比较来自世界各地非西方化社会的数据指出，来自这个星球上较寒冷地区文化的夫妻比来自热带地区的夫妻更有可能在晚上睡在一起（然而，怀廷没有给出关于在寒冷气候文化中是丈夫还是妻子更有可能在早晨还能盖着法兰绒毯子的数据）。另一个例子是，事实证明，低蛋白质饮食栖息地的文化对产后性行为的限制最长。怀廷认为，在低蛋白质饮食结构中，婴儿的护理期更长，这使得生育间隔更久。

其他人类学家发表了关于跨文化暴力模式的经典生态学研究，如耶鲁大学的梅尔文·恩贝尔（Melvin Ember）的《战争的生态解释的统计证据》（*Statistical Evidence for an Ecological Explanation of Warfare*）等论文。例如，恩贝尔指出，某些生态系统足够稳定和适宜，生活在其中的家庭比较完整，大家齐聚一堂，共同耕种自己的土地或在周围茂密的森林中进行狩猎和采集，而在其他更为严酷和不稳定的环境中，家庭成员之间通常会聚少离多。例如，工业化前，农艺师在旱季时不得不把牛群分开，家人们以更小的群体的形式散落天涯。在这种情况下，你很可能需要根据年龄设定战士的职责。公用常备军的优势在于，当你的家人外出为牛寻找食物时，帮你抵御来犯之敌。

20世纪60年代，斯坦福大学的罗伯特·特克斯特（Robert Textor）采用了一种截然不同的跨文化研究方法，因而在一定程度上成了该领域的权威。特克斯特从世界各地收集了大约400种不同文化的信息，并根据近500种不同的特征对它们进行分类。一个特定的文化是母系的还是父系的？它有什么样的法律体系？它的人民是如何谋生的？他们相信来世吗？他们织布和冶炼金属吗？他们更喜欢机会游戏还是策略游戏？然后，他把关于这些文化的全部变量输入到一台巨大的古老的计算机中，并要求这个庞然大物将所有东西与其他事物相互关联，然后输出所有重要的发现。结果是他写出了一本4英寸厚的不朽之作

《跨文化概述》（*Gross-Cultural Summary*），书中充斥着大量信息，告诉你在统计上哪些文化差异可能与生态差异有关。虽然这不是那种你为了打发闲暇时间而阅读的书，但那数千页的相关性却让人无法抗拒。你还能在哪里发现那些不会使用皮革、只有技能游戏的社会？对此你怎么解释？

在所有这些不同的方法中，来自截然不同的生态系统的两类社会之间出现了一种非常基本的二分法。这种二分法本身就很有吸引力，但它也对我们所创造的世界产生了一些令人不安的影响。

生活在雨林中的人和生活在沙漠中的人之间存在二分法：姆布蒂俾格米人与中东贝都因人；亚马孙印第安人与撒哈拉及戈壁的游牧民族。事实证明，它们产生的不同文化类型之间存在着一些一致的、渗透性的差异。当然也有例外，在某些情况下有一些非常戏剧性的例子。尽管如此，文化类型与沙漠及雨林之间的这些相关性是可靠的。

一些人开始谈论宗教信仰。谁是多神教万物有灵论者，谁是一神教者？这个问题很容易回答。雨林居民专注于神灵的繁衍，而一神教则是沙漠的发明，这是有道理的。沙漠让人领略了大而奇特的东西，比如当世界归于虚无、干涸、刀耕火种的原貌时，会有多么艰难。"我是耶和华，你的上帝""只有一位上帝，他的名字是安拉""在我之前，不可有别的神"，诸如此类的口号已泛滥。正如最后引述的那句话所暗示的那样，一神教并不总是只有一个超自然存在，世界上占主导地位的一神教宗教中充满了天使、精灵和撒旦。这些宗教的特点是等级制度，其中小神的力量只是构成了独一无二的全能的神的子集。相较之下，想想生活在热带雨林中的人们，在一个拥有 1 000 种不同种类的可食用植物、数百种药材的世界里，你在一棵树上找到的蚂蚁的种类比在所有不列颠群岛上能发现的蚂蚁种类还要多。对于这里的人们来说，让1000个神灵在同样的平衡中绽放，这似乎是世界上最自然的事情。

更为重要的是，当你遇到信奉一神教的雨林居民时，他们不太可能相信他们的神会管别人的闲事，如控制天气、消除疾病等。这也是有道理的。雨林定义了生态和文化意义上的平衡。如果森林猪避开了你的长矛，你可以在附近收集无数的植物。如果偶然的疾病消灭了某种植物源，那么就会有很多的替代品。相比之下，在沙漠中，蝗虫群或干涸的绿洲可能意味着终结，这个充满了这种无法控制的灾难的世界激发了著名的沙漠文化宿命论，孕育了对这种有着反复无常的计划的干预主义神灵的信仰。

梅尔文·恩贝尔的研究发现了一个重大差异。沙漠社会的成员分布广泛，饲养山羊和骆驼，这里是孕育勇士的摇篮。随之而来的是军国主义社会的所有附属品：作为社会地位垫脚石的军事战利品，可带来身后荣光的战死沙场的勇气，以及指挥系统、中央集权、阶层分化、奴隶制。在宇宙论中，全能的神主宰着众多小神，这在严格的地球等级制度中找到了自然的相似之处。

特克斯特的研究表明了沙漠生活与雨林生活的其他差异。如果你是一名女性，你宁愿远离那些沙漠人。在雨林文化中，购买妻子或与妻子签订契约的可能性要小得多。此外，这种文化比大多数文化更有可能使当地与婚姻居住地相关的女性终身成为社区的核心，而不是被送到任何需要婚姻的地方。在沙漠文化中，女性通常承担着建造庇护所及四处漂泊寻找水源和柴火的艰巨任务，而男性则想着借自己的牛群之势进行下一次偷袭。相比之下，在雨林文化中，男性更有可能从事繁重的工作。雨林文化不太可能有关于女性自卑的文化信仰；你不太可能在那里找到男人祈祷，感谢自己不是由女人创造出来的（至少在一个著名的沙漠派生宗教中就有这种情况）。最后，与雨林文化相比，沙漠文化中的人们可能会更早地教育他们的孩子对裸体保持谦卑和敬畏，且他们对婚前性行为有更严格的限制。

你更愿意换到哪种文化中生活？我不相信的恰好是那个有着大白胡子、坐在神座上的老人，但是作为一个不相信森林里有一群精灵的六十来岁的无神论者来说，与狼共舞更有吸引力。至于其他文化相关因素，这是毫无疑问的。沙漠文化中不好的一些方面似乎不怎么讨喜，然而，我们的星球恰好是一个由沙漠居民的文化后裔主导的星球。

沙漠思维模式及其所承载的文化包袱已被证明具有非凡的弹性，因为它已通过征服和传播而被输出到整个地球上那些新的、让人难以置信的壁龛中。当然，没有多少人仍然像游牧民族那样生活，或用圣经权杖引导自己的羊群。但是，在这些文化出现之后的几个世纪甚至几千年里，这些与沙漠相关的特征仍然存在于它们所培育的世界中。

不幸的是，大多数证据表明，雨林思维模式更像是带有温室属性，当它被连根拔起时就不会再那么顽强了。我们的森林被刀耕火种、商业伐木和放牧所毁。这是一个不仅物种在灭绝，文化和语言也在消亡的时代，森林居民的后代被诱导转而投靠了这种源于沙漠的世界文化。作为对此的一个衡量标准，英国东英吉利大学的人口统计学家威廉·萨瑟兰（William Sutherland）指出，地球上生物多样性最多的地方，语言也更具多样性，而那些生物多样性受到灭绝威胁最严重的地方，则是语言和文化灭绝速度最快的地方。因此，在繁茂的富饶世界中所诞生的脆弱而多元的雨林文化，与里约热内卢、拉各斯和雅加达贫民窟中那未经处理的污水融为一体，消失不见了。

我们应如何看待环境与文化信仰及实践之间的这些相关性？把我们人类看作灵长类动物，这是完全有道理的。假设有两种从未见过的新猴子，除了一种生活在亚马孙森林的树上，另一种行走在纳米比亚干旱的灌木丛中之外，我们对它们一无所知，而一名持有卡片的灵长类动物学家可以非常准确地预测这两个物种的不同性生活和生殖生物学特征，如谁更具侵略性，谁更有领土意识，等等。在这些方面，我们和其他任何物种一样，都会受到生态的影响。

不过，有两件大事使我们与众不同。首先，我们的规则中的例外远比你在其他灵长类动物中发现的要多得多，也更引人注目。相比之下，在热带稀树草原上那有利于杂食动物的环境限制中，没有哪只橄榄狒狒会将选择素食作为道德宣言。

其次，我们不只是在谈论生态对你制作的箭头类型的影响，或者在你所属文化的某些仪式中，你是否会在与鬣狗头骨跳舞前后摇晃拨浪鼓，关键是一些最核心和最具决定性的人类问题。无论有一个神还是有多个神，你的存在对于他们来说重要吗？你死后会发生什么？你生活中的行为如何影响你的来世？身体本质上是肮脏且可耻的吗？世界本质上是仁慈的吗？

在本章中，很明显，如果你想了解人们如何找到他们对这些高度私人化、个性化的问题的答案，就不能再拿生理来说事了。例如，我们非常了解抑郁症的遗传学、神经化学和内分泌学因素，以及这些因素是如何影响一个人是否生来便将生命视为半空或半满的容器的。我们甚至开始瞥见宗教信仰中的生物学因素：有多种神经损伤会导致宗教痴迷，这是一种与"超魔法"思维相关的神经精神疾病类型；大脑中有一些区域可以调节生物体对因果关系的紧密程度，以使信念得以产生；这可能有助于洞察我们称之为"信念"的奇怪现象。

为了解答"我是如何成为我自己的"这一问题，我们必须整合无数微妙的互动因素：从亿万年前塑造了我们灵长类动物基因库的选择压力到微秒前神经递质的爆发。也许是时候在列表中添加另一个生物变量了：当我们的祖先思考生命中的重大问题时，他们是在遮天蔽日的树荫下思考的，还是望着无尽的地平线思考的？

注释和延伸阅读

大多数标准的人类学教科书中都有关于生态学和文化之间相关性的内容：Whiting J, "Effects of climate on certain cultural practices," in Good-enough W, ed., *Explorations in Cultural Anthropology* (New York: McGraw-Hill, 1964): 511; Ember M, "Statistical evidence for an ecological explanation of warfare," *American Anthropologist* 84 (1982): 645; Textor R, *A Cross-Cultural Summary* (New Haven, CT: HRAF Press, 1967); Sutherland W, "Parallel extinction risk and global distribution of languages and species," *Nature* 423 (2003): 276; Harris M, *Cannibals and Kings: the Origins of Cultures* (New York:

Random House,1977); Ember C and Ember M, in Martin D and Frayer D, eds., *Troubled Times, Violence and Warfare in the Past* (Amsterdam: OPA,1997): 1。

这篇文章的一个要点是，尽管典型的雨林文化与典型的沙漠文化相比具有相当大的吸引力，但我们的星球是如何由源自沙漠的欧亚文化所主导的？为什么会这样？贾雷德·戴蒙德（Jared Diamand）[1] 在他的许多著作中对此均有所涉及，尤其是在其经典著作《病菌、枪炮和钢铁》（*Gems, Guns and Steel*）中对此做了最为详尽的阐述。他的基本前提是，这主要是运气问题，要拥有合适的动植物。例如，世界上大部分地区都有某种野生绵羊品种，但碰巧只有欧亚绵羊容易驯化，这为人类提供了极好的食物来源。世界上大部分地区都有适合劳作的大型野牛，但美洲野牛和非洲水牛从未被驯化，而欧亚野牛则得以驯化并产生了牛和奶牛。欧亚人又驯养了马匹，这让他们拥有了巨大的军事优势——如果欧洲帝国被一小撮骑在袋鼠、貘或斑马身上的有色人种征服者所推翻，那将是另一番景象。

关于宗教与神经生物学，可参阅：Sapolsky R，"Circling the blanket for God," in *The Trouble With Testosterone and Other Essays on the Biology of the Human Predicament* (New York: Scribner, 1997)。

---

[1]　贾雷德·戴蒙德，探究人类社会与文明的思想家，其著作《性的进化》中文简体字版，已由湛庐引进，由天津科学技术出版社出版。——编者注

第15章　猴子之爱

99%的人这辈子都注定登不上《人物》杂志"全球最美50人"榜单，自然也就无法在本书的第1章中露脸了。不过，我还有些糟糕得都上了《新闻周刊》封面故事的坏消息得告诉你。但少安勿躁，先来听个火星笑话：

火星人终于来到了地球，和地球人成了要好的伙伴。他们一见如故，滔滔不绝地聊政治、各自的天气、体育运动，甚至是猫王之死的真相……最后，双方都感到很融洽，于是鼓起勇气问出了对方真正好奇的问题："那么你们是如何繁殖后代的呢？"

双方决定用实战来演示一下。起先是火星人。四个火星人呈叠罗汉式站立，发出机械调整运转时的那种轰鸣声，他们头上的灯熄灭了，一时间烟雾缭绕，铃声大作……突然，一个新的火星人就诞生了。

"妙哉妙哉，构思精巧，我喜欢。"地球人说道。接下来就轮到我们了。地球人找来一对合适的志愿者夫妻，准备好一张干净整洁的床，于是这对夫妻便开始发生性关系，而火星人则站在一旁拍照留念。结束时两人都大汗淋漓。

"好极了，太棒了，非常新颖，"火星人激动地说道，"然而问题在于……呃……新造出来的地球人在哪里呢？"

"哦，那个啊，"地球人答道，"那可是九个月之后的事了。"

火星人追问道："那他们为何如此匆忙地收尾呢？"

那么为何我们最终要匆匆收尾呢？纵观动物王国，鱼类逆流而上，飞跃龙门；羚羊会花上几个小时与其他鹿角兽硬碰硬；我们人类会在听他人讲述的无趣的笑话时假装被逗乐；所有这些举动都是为了得到交配机会，然而我们最终却草草了事。

是什么使得我们非得这样做？是为了物种利益吗？当然不是，这种思维方式早就和马林·珀金斯[①]一道随风消散了。是为了个人利益吗？"尽可能频繁地交配会使你的基因在下一代中更多，从而提高你在种群中的繁殖成功率。"才怪，有多少动物上床睡觉时还带着演化生物学的教科书呢？也许是因为这么做的感觉很不错。确实如此。

后两种解释的分歧在于它们分别是对同一种行为的近端解释和远端解释。远端解释是指对某事发生原因的长期的、潜在的解释。近端解释是指对短期具体细节的解释。例如，一只雌性灵长类动物诞下一个婴儿，令人百思不得其解的是，她会殚精竭虑地照顾它，走到哪带到哪，消耗自身热量，放弃觅食时间，更有可能会因此使自己更易落入捕食者之手。为何会有这般含辛茹苦的母性行为呢？远端解释：因为在灵长类动物中，大量的母性投资增加了后代存活的可能性，从而能更多地传递基因。近端解释：因为那些大眼睛和大耳朵，还有那张皱巴巴的小脸，以及那可爱的且圆鼓鼓的前额，让我实在忍不住想要照顾它。

---

① 马林·珀金斯，美国动物学家、环保主义者，于1986年去世。——编者注

很多行为都是由近端因素驱动的，在涉及性行为动机时，更是如此。对于在演化上至关重要且往往涉及生命危险的行为，动机不能是像基因竞争那般抽象的和延迟的，也不是为了在漫漫妊娠期结束后能繁衍后代（想象一下，如果大象发生性行为纯粹是出于知道只要这么做了，两年后就会生出一些小象，那么世界上还会有几头大象啊）。绝大多数性行为是由近端因素驱动的。包括人类在内的动物，对性爱感兴趣是因为这样做感觉很好。

既然大家都清楚这一点，那么问题就变得更有趣了：什么样的近端因素对性最有帮助？也就是说，是什么使一个生物体认为另一个生物体很性感呢？

非常明显的是，科学家们现已对脊椎动物的哪些特质赋予了我们热情有了很好的认识，并且这些特质在整个动物界也有一定程度的一致性。首先，从鸟类到人类，各物种似乎都喜欢长相和身材周正且匀称的个体，这就是美的原型所在。例如，人们可以察觉到眼睛、耳朵、手腕或脚踝上的那些极其细微的不对称，而这些绝对是挑选另一半时的减分项。

为何人们对匀称如此钟爱？普遍接受的解释是，这象征着良好的健康状况。然而正如前文所述，不应想当然地把健康和对称归结到基因上。在摄影术出现后不久，有人把一大堆人脸照片进行叠加（或许现在已可以用电脑绘出其均图），得到一张异常美丽的复合人脸图像。人们这种对匀称的偏好刚好解释了这一令人困惑的发现。

但与正常人相比，某些异常特质其实有着更大的吸引力。在很多物种中，更有吸引力的雌性发出的近端信号表明其具有特别高的生育潜力。女性那丰满的臀部象征着生育力强，大多数物种中的大部分雄性都会对同类的类似特征痴迷不已。在众多挑选雄性特征的物种中，那些让雌性为之心跳的夸张的雄性特征意味着该个体能在雄性竞争中脱颖而出，这表明他们更为强壮、地位更高。在极端情况下，很多物种中性感的雄性就等同于经济条件优越的人。正如前文所述，这是雄性第二性征的额外竞技场：巨大的羽毛，野性的着色，怪异的附肢。孔雀的昂首阔步、炫耀性消费在昭示："我身体倍儿棒，没有寄生虫，富得流油，因而我才有能力将热量挥霍到诸如巨大的五彩羽毛这种荒谬之物上。"

因而在动物界，无论雄雌都会对那迷人有范的邻家孩子产生反应，但尤其对拥有完美 ＿＿＿＿＿＿＿＿（根据物种和性别进行填写）的绝代佳人更有感觉。这些特征均是强大的可驱动交配的近端因素。如今，《新闻周刊》证实了一个令人沮丧的事实（其实我们这些相貌平平的人早就对此见怪不怪了），即拥有那些强烈的近端因素的动物更会被善待。我不只是在说那些长得好看的脊椎动物在性方面更加活跃，而是说它们在人生之路的方方面面都会受到优待。

当然，这对于人类来说并不是什么新鲜事。一项又一项的研究表明，我们会全神贯注地听某人胡言乱语，会优先向他们提供一份工作，甚至为之投票，只因其手腕极其对称。令我真正感到失望的是非人灵长类动物，按理说它们应该更为明智才对。

维也纳大学行为学家伯纳德·沃尔纳（Bernard Wallner）和约翰·迪塔米（John Dittami）进行的一项研究表明，上述优待行为在巴巴里猕猴中尤为明显。当雌性发情时，其生殖器会明显肿胀，这是在向全世界宣告它处于特殊排卵阶段。尽管随着雌性排卵期临近，其生殖器会肿胀得更大，但有些雌性就是比其他雌性肿胀得更大，且饱受优待。与处于相同生殖周期但肿胀程度较小的雌性相比，肿胀程度较大的雌性没那么容易被情绪不佳的雄性攻击。此外，雄性也更愿意为其梳理毛发。也就是说，雄性巴巴里猕猴看见充气似肿胀的生殖器就激动。真正应该更清楚这一点的是雌性。但它们也会这样做，肿胀程度更大的雌性在梳理毛发时也会享受同性的优待。

这真让人绝望。难道在生物演化过程中，天然便存在着一种以貌待人的偏好？从卑微的黏菌到复杂的高等动物人类，演化迈着大步一路高歌猛进，最终却让丹·奎尔（Dan Quayle）这样的"绣花枕头"当上了美国副总统？然而事实证明，事情或许并没有这么糟糕。

使理智回归的首个例子来自一个看似不大可能的源头，即我们人类。正如前文所述，心理学家戴维·巴斯开展了一项关于人们如何挑选配偶的著名研究，调查了来自全球 37 种不同文化的 1 万多人。如前文所述，在其研究的每个社会中，女性都尤为重视伴侣未来的经济前景，都更喜欢前景良好的异性。相比之下，在所有社会中，男性均尤为重视另一半是否年轻，是否拥有象征健康和生育能力的身体特征。

这很公平。但鲜有报道的是，所有这些不同文化中的女性和男性都有一个共同点，即每个人择偶的首要标准都是找到一位善良且爱自己的伴侣。

很暖心，不是吗？不过，让我们先冷静一下。巴斯调查的是人们在寻找配偶时究竟看中的是什么，而不是他们现在想和谁一起共度良宵。这是远端因素，而非近端因素。也许当人们考虑想和谁一起共度余生时，理智的远端因素会占上风：应该找一个善良、有爱心、能胜任家长角色的人，一个会记得拧上牙膏帽的人。但当重新回到近端因素上时，那个令你血脉偾张的人或许并没有上述特征，且劣迹斑斑。看来善良这一特质不太可能显得性感。

然而，有些证据可能会令人惊讶。

近几十年来，灵长类动物学界发生了一场革命。人们一直认为生活在东半球的灵长类动物（生活在大型社群中的动物，如狒狒和猕猴）的性行为遵循一种"线性准入"模型。倘若一只雌性发情，等级最高的雄性便会宣布所有权。如果两只雌性发情，等级最高的两只雄性都会与之交配，以此类推。过去人们认为，交配模式完全有赖于雄性竞争的结果，雌性只得被动接受。

这场革命源自一种尤为激进的概念，即"雌性选择"，认为雌性在这件事上有发言权。也许这与女性灵长类动物学家能够不受线性思维影响，客观地观察动物行为有关，她们独具慧眼，发现了这一现象。显而易见的是，一些雌性并不只是被动地与性致盎然的"猛男"交配。

在很多这样的物种中，由于雌性的个头只有雄性的一半，无法与之硬碰硬。但她们肯定不会听之任之。雌性可以在雄性试图交配时乱动，可以在被某个雄性紧追不舍时绕道到其劲敌身旁，让他们针锋相对起来。运气好的话，这两个雄性会被对方惹毛并陷入争斗，这时雌性便有机会偷偷溜到灌木丛中，与自己真正感兴趣的对象交配。这种现象被称为"偷欢"，是灵长类动物学家发明的又一个少儿不宜的术语。

但是如果雌性有选择权，她会选择谁？谁能把她吸引到灌木丛中？至少对于狒狒而言，答案令人瞠目结舌："暖男"。也许是与之有"友谊"关系，或者说是相互梳理过毛发的雄性。也许是当捕食者入侵时帮忙把孩子带到安全地带的那个雄性。当然，也许正好就是孩子的父亲。但总体来说，它之所以能受到雌性的青睐，是因为长期以来它们之间建立了深厚的关系，而不是因为它赢得了与另一个雄性的斗争。

让我们把事情说得更明白一些。实际上，雌性想的可不是：虽然那边穿着机车夹克的"猛男"酷毙了，但要理智些啊孩子，这家伙可是个大麻烦，最好还是跟暖男艾伦·阿尔达（Alan Alda）[①] 在一起吧。恰恰相反，这些雌性会操纵这些高大威猛的"壮汉们"打架（在这个过程中它们也是有生命危险的，因为打败了的雄性偶尔也会拿它们撒气，后果会危及生命），为的是溜进灌木丛与其社群中艾伦·阿尔达那样的雄性偷欢。这么一想：暖，几乎等同于性感。

这是非同寻常的。更不同寻常的是，针对父系基因的研究表明，在某些物种中，那些公然绕开正面的雄性竞争转而在灌木丛中偷偷摸摸交配的雄性，在传递自身基因方面表现很不错。按照精明的演化所

---

① 美国知名男演员。——编者注

划出的底线标准来看，做个"暖男"不仅是傻乎乎的多愁善感的表现，还是一项成功的策略。

就让你们这些普通的、乳臭未干的灵长类动物对他者的外表或气味感到欲罢不能吧。对于那些真正善待他者的猴子来说，演化的回报起码是只多不少的。在近端层面上，这是一个令人欣喜的消息：对于非人灵长类动物而言，最能唤起情欲的器官或许是心灵。在远端层面上，这对于我们所有人来说也是一个令人欣喜的消息，因为我们都曾试图丢掉幼儿园学的关于与人为善、同人分享的教育，转而像成年人那样悲哀地为了一己私利而疲于奔命。那位因长相不对称而被人厌弃的哲人利奥·迪罗谢（Leo Durocher）曾说过好人没好报，但事实或许并非如此。

注释和延伸阅读

关于魅力的一些研究，可参阅：Kirkpatrick M and Rosenthal G, "Symmetry without fear," *Nature* 372 (1994): 134; Perrett D, May KJ, and Yoshikawa S, "Facial shape and judgments of female attractiveness," *Nature* 368 (1994): 239; Etcoff N, "Beauty and the beholder," *Nature* 368 (1994): 186。

关于花哨的第二性征如何展示身体健康，可参阅：Hamilton W and Zuk M, "Heritable true fitness and bright birds: a role for parasites?" *Science* 218 (1982): 384。

关于雌性猕猴因生殖器肿胀而得到善待，可参阅：

Wallner B and Dittami J, "Postestrus anogenital swelling in female barbary macaques. The larger, the better?" *Annals of the New York Academy of Sciences* 807 (1997): 590。

关于戴维·巴斯的研究，可参阅：Buss D, *The Evolution of Desire: Strategies of Human Mating* (New York: Basic Books, 1994)。

关于灵长类动物世界中的雌性选择雄性竞争等，可参阅：Smuts B, *Sex and Friendship in Baboons*, 2nd ed. (Cambridge, MA: Harvard Univ Press,1999); Bercovitch F, "Dominance rank and reproductive maturation in male rhesus macaques (*Macaca mulatta*)," *Journal of Reproduction and Fertility* 99 (1993): 113。

第 16 章　合作的博弈

早在陀思妥耶夫斯基时代之前，人们就已思考过犯罪、惩罚及它们之间的相互联系。为什么要惩罚社会上的恶棍？为了防止他们在未来再造成伤害？让他们改过自新？威慑未来的不法分子？让受害者和惩罚者感觉更好？2002 年发表在《自然》杂志上的一篇注定会成为经典的论文，向人们展示了社会行为中的一个令人不快的方面，以及由此带来的意想不到的好处。

无论你是外交官还是谈判者，是经济学家还是战争战略家，有时你都必须决定是否与某人合作，无论此人是合作伙伴还是对手。而且，正如动物行为科学家所熟悉的那样，在表现出合作行为的社会动物物种中也出现了同样的问题。举个不太恰当的例子，马里兰大学教授杰拉德·威尔金森（Gerald Wilkinson）的经典研究表明，雌性吸血蝙蝠在吸食猎物（如牛）的血液后，会飞回大型公共巢穴，在那里吐出血液来喂养蝙蝠幼崽。它们面临着的一个战略问题是它们是只喂养自己的孩子，是喂养自己的孩子及近亲的孩子，还是喂养所有的孩子？这个问题的答案应该取决于其他蝙蝠是怎么做的吗？

这些利他主义、互惠和竞争的问题构成了"博弈论"领域。参与者玩的是简化的数学游戏，玩家之间的交流程度不同，对不同结果的奖励也不同。玩家必须决定什么时候合作，什么时候"作弊"（用博弈论领域的一个技术性很强的术语来说）。博弈论分析存在于各种专业培训领域。更令人啧啧称奇的是，即使没有 MBA 学位，社会性动物也经常能演化出数学上最优化的策略来决定何时合作和何时作弊。我们要明白一点：即使是社会性细菌也演化出了最佳博弈论策略，以便在背后互相刺伤。

　　假设你正在玩游戏，没有合作伙伴，也没有人可以交流。假设一些玩家开始合作。如果有足够多的人选择合作，尤其是如果合作者能够迅速找到彼此，合作很快就会成为制胜的法宝。用研究此类情况的演化生物学家的行话来说，这将"导致不合作走向灭绝"。

　　因此，让一群人合作起来，他们的状态就会很好。然而尽管如此，无论谁开启了这一趋势，他都会成为第一个自发引入合作的人，在数学上将永远处于不利地位。这可能是被称为"真够笨的"场景。在不合作的环境中，一个糊涂的灵魂会自发地合作，而所有其他的社会性个体都会发出"真够笨的"笑声，然后重新开始竞争，现在可是比那个乌托邦式的梦想家领先了一个身位。在这种情况下，随机的利他行为是没有回报的。

　　然而，互惠利他主义系统确实出现在了各种社会性物种中，甚至出现在了我们人类中。因此，博弈论的核心问题是，人们会在什么情况下偏向于合作，且想方设法排除万难多多合作？

一个经过充分研究的偏向于合作的因素是参与者是否有关联。这是动物间大部分合作行为背后的驱动力。例如，在各种群居昆虫物种中，合作和利他主义的程度特别高，以至于多数个体会放弃繁殖的机会，转而帮助其他个体（如女王）繁殖。已故的威廉·唐纳德·汉密尔顿将这种合作归因于社会昆虫群落成员之间难以置信的高度相关性，从而彻底改变了演化生物学思想。类似的逻辑也贯穿于各种社会性物种亲属间合作的众多不那么极端的例子中。

　　另一种快速启动合作的方式是让游戏玩家感受到彼此之间的相关性。这往往是人类的特长，这是一个建立"伪亲属关系"的过程。各种心理学研究表明，在相互竞争的群体中以任意标准将一群人团结在一起（如一场种族战争），并确保他们明白分组是任意的，他们很快就会开始发现彼此之间有着共同的和值得称赞的特质，而他们的对手则明显缺乏这些特质。在极端情况下，这就是军队所采用的策略，从基础训练到前线战斗，成群结队的士兵们待在一个有凝聚力的团体中，这使他们感觉彼此之间像兄弟一样，这样一来他们会更有可能执行最终的合作行为。然而，"假物种形成"也会在这种情况下被利用：对手看起来如此不同、如此无关、如此不人道、如此非人类，以至于杀死他们几乎算不上什么。

　　促进合作的另一种方式是让游戏玩家反复玩几轮游戏。这是有道理的。通过引入一个与未来有关的虚幻的事物，引入回报的可能性，如果他们这次欺骗了你，那么下次你就能以牙还牙。这可以牵制住骗子。这就是为什么互惠很少发生在没有凝聚力的社会性群体所属的物种中，这可是连磷虾都知道的道理，不能今天买汉堡周二再付款，因为那时买家可能早就不见了。当然，如果你不懂如何区分磷虾，那么即使购买汉堡的磷虾下周二时还在这里，你也得不到任何好处。相应的，吸血蝙蝠的大脑是所有蝙蝠物种中最大的。同样，灵长类动物学家罗宾·邓巴（Robin Dunbar）[1]已经表明，在社会性灵长类动物中，社会群体越大（即你需要跟踪的个体越多），其大脑就相对越大。

另一个偏向合作的因素是，如果游戏是开放式的，那么当你在一轮游戏中碰到某人时，你可以了解他的游戏行为的历史。在这种情况下，你不需要通过与一个人反复对战来促成合作。相反，声誉会促成合作，即所谓的"顺序性利他主义"（sequential altruism）。

所以真亲戚或伪亲戚、与一个人过从甚密以及推心置腹，均有助于合作的出现。经济学家恩斯特·费尔（Ernst Fehr）和西蒙·加赫特（S. Gachter）于 2002 年在《自然》杂志上发表了一项与此相关的研究。在这项研究中，研究人员设计了一个最不利于合作的游戏。参与游戏的玩家都是只有"一面之交的陌生人"，大家都在尔虞我诈。虽然进行了多轮游戏，但玩家每次的交手对象都不同。此外，玩家都是匿名的。玩家没有机会报复和惩罚作弊者，也没有机会树立声誉。

游戏是这样的。每个玩家都有一定数量的钱，如 5 美元。每个玩家都将这 5 美元或其中的一部分放入赌池，但不知道另一个玩家放进去了多少。然后往赌池里加注 1 美元，再将总额平分给两个玩家。因此，如果双方都投入 5 美元，那么他们每个人都会得到 5.50 美元（5

---

① 罗宾·邓巴是著名的进化人类学家，"邓巴数"提出者。他的著作《最好的亲密关系》《社群的进化》《大局观从何而来》《人类的算法》已由湛庐引进、四川人民出版社出版。——编者注

美元加 5 美元加 1 美元的和除以 2）。但是假设第一个玩家投入 5 美元，第二个玩家不露声色地投入 4 美元呢？第一个玩家最后得到 5 美元（5 美元加 4 美元加 1 美元的和除以 2），而作弊者得到 6 美元（5 美元加 4 美元加 1 美元的和除以 2，外加私自留下的那 1 美元）。假设第二个玩家是一个十足的讨厌鬼，并且没有投入 1 分钱。那么第一个玩家就输了，他只得到了 3 美元（5 美元加 0 美元加 1 美元的和除以 2），而第二个玩家会得到 8 美元（5 美元加 0 美元加 1 美元的和除以 2，外加私自留下的那 5 美元）。作弊者总是赚到的那一个。

现在将关键元素添加到游戏中。在这一轮匿名游戏后，每个玩家都会知晓结果，看看其他玩家是否作弊。然后，被欺骗的玩家可以惩罚作弊者。你可以对作弊者处以罚款，拿走他们的一些钱，只要你自己愿意放弃同等数额的钱。如果你愿意为这样的机会付出代价，你就可以惩罚作弊者。

第一个有趣的发现是，即使是在一次性的、玩家完全陌生的设计中，合作也会出现。作弊者会停止作弊。因此，在两种不同的情况下，合作会成为主导策略：一是在玩过几轮且相互之间已经较熟悉后，一群玩家开始自发地相互合作；二是当作弊者受到惩罚时，即使是在一次性的、玩家完全陌生的设计中，玩家开始合作。

真正有趣的部分到了。作者指出，每个人都抓住了实施惩罚的机会，为了惩罚作弊者他们愿意付出相应的代价。请记住一次性的、玩家完全陌生的设计。惩罚不会给实施惩罚者带来任何好处。这两个玩家永远不会再在一起玩，所以惩罚不足以让作弊者不再欺骗你，而且由于存在匿名性，惩罚无法起到警示其他玩家的作用。在开放式模式中，为实施显著惩罚的机会而付出代价的一种动机是，希望其他玩家也这样做，从而在必要时在下一个对手身上留下惩罚的印记。各种社会性动物都会在能量消耗和受伤风险方面"付出"很多的代价，以惩罚明显的作弊者（一种真正让一个人进入真切世界的方法是很久以前由各种军事学院荣誉准则演变而来的，即惩罚那些未能惩罚作弊者的人）。但在这里，惩罚行为和作弊行为一样是匿名的。

在这场游戏中，惩罚并未带来任何合乎逻辑的好处，但人们热衷于这样做。为什么？纯粹是出于报复的情感渴望。作者指出，作弊者越是糟糕（就其贡献的隐瞒程度而言），其他人就要为惩罚他们付出越多的代价，即使在新招募的不了解这个游戏的任何微妙之处的玩家中也是如此。

想想这有多奇怪。如果一群人愿意通过自发的合作来为自己付出代价，这会让你进入一种稳定合作的氛围中，每个人都能从中获益。正如皮特·西格（Peter Seeger）和琼·贝兹（Joan Baez）演唱的片尾曲那和平且和谐的风格。但人们不愿意这样做。相比之下，建立一个让人们可以通过惩罚作弊者来使其付出代价的环境，惩罚不会给他们带来任何直接利益或导致任何直接的公民利益……但他们抓住了这种机会。然后，一种稳定的合作氛围恰好间接地从这种充满泡沫的、情绪化的复仇欲望中浮现了。在我们的社会中有很多让人不愉快的事情，如在拥挤的高速公路上拦住你的混蛋或炮制下一个 15 分钟成名的电脑病毒的极客，这都是一次性的、完全陌生的互动。

人们是为了得到惩罚的机会而付出代价的，而不是为了行善。如果我是一名研究地球上的社会性行为的瓦肯人，这看起来像是一团非理性的混乱状态。但作为一种社会性灵长类动物，这完全是种讽刺。一些社会利益是作为一种不特别有吸引力的社会特征的数学结果而出现的。我想你只需要接受你能得到的。

注释和延伸阅读

有关博弈论和行为演化，可参阅：Barash D, *The Survival Game: How game theory explains the biology of cooperation and competition* (New York: Times Books, 2003). Fehr E and Gachter S, "Altruistic punishment in humans," *Nature* 10 (2002): 415。

有关细菌之间的竞争，可参阅：Strassmann J, Zhu Y, and Quelier D, "Altruism and social cheating in the social amoeba *Dictyostelium discoideum*," *Nature* 408 (2000): 965。

邓巴的一个例子说明了灵长类动物大脑皮质的大小与社会群体的复杂性之间的关系：Joffe T and Dunbar R, "Visual and socio-cognitive information processing in primate brain evolution," *Proceedings of the Royal Society of London, Series B: Biological Sciences* 264 (1997): 1303。

第 17 章　活要见人，死要见尸

／

我终于接到了那个自 1973 年以来便一直在等的电话。

那年我 16 岁，在纽约市的非传统高中就读。我们所有人都想成为嬉皮士，嫉妒自己那些生活在 20 世纪 60 年代的哥哥姐姐们。那年夏天，沃特金斯格伦（Watkins Glen）北部有一场摇滚音乐节，这是有史以来规模最大的一次。在 60 万名朝圣者中，有两位是我们的朋友：穿着乡村风衬衫、戴艳丽头巾的邦妮·比奎特（Bonnie Bickwit）和留着马尾辫的米切尔·魏泽尔（Mitchell Weiser）。他们是在夏令营相遇的，然后搭便车去参加摇滚音乐节。自此之后，我们便再也没有见过他们两。

据我们所知，他们不是离家出走了。他们应该是出事了。整个秋天，我们都在与白发苍苍的乡村警长和记者进行交谈。我们利用周末的时间在位于曼哈顿东村的传闻中发生过儿童绑架案的邪教建筑附近张贴邦妮和米切尔的照片。在那之后的晚上，我们总会做满了强奸、酷刑和谋杀的噩梦。他们的失踪是我们青春期最惊心动魄的事件之一，最终也成了美国历史上最久而未决的青少年失踪事件。

终于，电话铃响了。

邦妮和米切尔的同学们要举行第 25 次聚会，举办仪式纪念她们。媒体对这些活动进行了报道，而恰好知晓内情的人在电视上看了此事，就立即报了警。

根据此人的说法，他俩已经因意外溺水而死亡了。细节方面是讲得通的。于是，手机消息来了，电子邮件也在这些早已不怎么联系的人之间频繁地传送。我们的内心无法平静，一再追问这一问题：如果这个人说的都是真的，那么应该早就找到邦妮和米切尔的遗体了。我们认为应该活要见人、死要见尸，这样真相才能大白于天下。

想要获得熟人或爱人逝去的确凿证据是人类的本能。然而这种愿望往往远超出了对确定性的纯粹理性的需求。在一个人已不太可能活着的情况下，即使死者在几个世纪前就已经死去，我们仍会费尽心思，不惜进行诉讼和外交对峙，甚至冒着生命危险，为的就是找回死者。例如，有个国际潜水队在 2001 年冒着极大的风险从沉没的俄罗斯潜艇库尔斯克号中打捞遗体。而在世贸中心冒着危险找寻死者的事，是一个非常有力的例子。在"9·11"事件发生后的那几个月里，美国因此事而显得有些不知所措，这是我们这几代人所经历过的最为严峻的时刻。

无论在哪种文化背景中，都在上演着死要见尸的戏码。例如，在奥古斯托·皮诺切特（Augusto Pinochet）残暴统治智利期间，持有异见的平民消失了，失踪者现已年迈的母亲们仍集聚一堂，要求至少给她们一根孩子的骸骨。有时，对遗骸的需求跨越了国别或文化界限，世代相传。几年前，西班牙当局将一位酋长的遗体归还给了他的祖国博茨瓦纳（尽管有一些地方抗议）。一个多世纪前，这具遗体被殖民掠夺者从新坟中偷走，并置于西班牙博物馆进行保存和展出。同样的愿望在古生物学家和美洲原住民群体之间的法庭诉讼中上演：研究骨骼的科学价值是否超过了一个部落的人们希望祖先可以入土为安的愿望？

生者至死都在找寻死者？为什么在一个又一个社会中，我们如此痴迷于找到死者？为何这种针对遗体的仪式如此重要？

很明显，我们对死者的敬意应该延伸到对其留在尘世中的遗骸的珍爱，以及举行仪式让这些遗骸得以安息。"务必使我的墓冢一尘不染"是一句古老的灵歌。尼安德特人也会按仪式埋葬死者，就连大象也有自己的大象墓地。

当然，这一切都并非那么简单。一些古生物学家现在质疑尼安德特人葬礼上的那令人难以忘怀的画面的真实性。虽然大象似乎对同类的骨头有种怪异的兴趣，会携带它们走上数英里，然后用植被将其覆盖，但墓地只是一个神话。人类文化在如何看待死者方面有着巨大的差异。虽然在大多数社会传统中，人们会埋葬或火化死者的遗体，但也有像东非马赛人这样将死者的遗体丢弃给拾荒者的。即使在埋葬死者的文化中，也并非都将坟墓视为圣地。早在 19 世纪的北欧，埋葬与租赁公寓类似：时不时地挖掘已到期限的坟墓并将遗骸丢弃，以便为下一个租户腾出空间。虽然西方的死亡模式涉及悲伤和低声的尊重，但马拉维的尼亚库萨人会用华丽的葬礼仪式来嘲笑死者。

文化甚至在判断某人是活人还是死人方面也有所不同。有时，我们认为还活着的人却被判定是死的。例如，在传统的海地社会中，如果一个人做了一件非常犯忌讳的事情，村里就会集体雇用萨满将这个恶棍变成"僵尸"，此后大家都会认为他去了死者的世界。相反，在一些社会中，人们会继续与我们认为已经死亡的人进行热烈、积极的社会交流。在新加坡的传统社会中，兄弟姐妹们要按照长幼顺序结婚，因此有时未婚却死亡了的哥哥姐姐们会以"冥婚"的形式与合适的死者订婚。

即便在美国的文化中，我们也执着于找到死者，随着时间的流逝（很可能是随着死者直系亲属的死亡），原本是表示尊重的行为变得不一样了。虽然我们认为试图从库尔斯克取回死者在道德上是必要的，但对泰坦尼克号上的骸骨做同样的事情则会被视为对死者的不恰当的打扰。

我们在社会中做事的方式自然而然地构成了人类的规范。大量文化以一种阴沉和仪式化的方式让死者安息，并不遗余力地为进行这种仪式而搜寻遗体。为什么人们会如此痴迷于活要见人、死要见尸？

最显而易见的原因是想要确定这个人是否真的已经死了。从尤利西斯到汤姆·汉克斯（Tom Hanks）及其排球最终离开了那个岛[1]，"但我以为你死了"是一个由来已久的情节设置。在现代听诊器出现之前，通常很难确定某人是死亡还是昏迷。一些人被活埋了的事实使

---

[1] 出自电影《荒岛余生》，该电影讲述了一个人因坠机流浪荒岛的故事，一个排球成为他最忠实的伙伴。——编者注

得各种各样的适应性措施出现，以防止这种情况的再次发生，如爱尔兰式守灵仪式（即停尸几天后再下葬）。17世纪的法律规定在下葬之前要等待几天，因此贵族们会在他们的遗嘱中以各种方式要求肢解自己的遗体（对身体采取此类措施可以唤醒未死者）。在真正疯狂的极端情况下，这种对被活埋的恐惧在19世纪引起了带有逃生舱口的专利棺材，以及德国的"死屋"。人们会将死者的遗体存放在那里，并在死者手指上戴上小铃铛，直到遗体完全腐烂，以防万一。

死者偶尔会被证明并未真正死亡，而腐烂的遗体是排除这种可能性的一个很好的方法，因此这成了一个悠久的传统。我怀疑死要见尸的另一个原因与我们投放在否认中的非理性能量有很大的联系。当第一次蹒跚学步的孩子在院里遇到一只已经死亡的知更鸟，而父母会告诉孩子"它只是在睡觉"时，或者当爷爷去了医院却根本没有再回来时，我们就可以看出西方人看待死亡的方式就是委婉和否认。我们会踮起脚尖，在死者周围耳语，仿佛他们真的只是在打盹。正如生死学大师伊丽莎白·库伯勒－罗斯（Elizabeth Kubler-Ross）在其里程碑式的作品中首次提出的那样，人们倾向于对悲剧（如与死亡、绝症相关的消息）做出相当刻板的一系列反应，首先就是否认（最常见的是愤怒、讨价还价、绝望）。为了最终达到那种承认接受的状态，就得先拒绝。因此，我们中的很多人都倾向于认为这几乎是绝对有必要的，要敢于直接拒绝，并要求开棺，亲眼看着所爱之人的脸，死要见尸。

有时，我们认为死要见尸与其说是为了确信他们已经死了，不如说是为了了解这个人是如何死的。这可能是一个巨大的安慰，"他死的时候并不痛苦，他并不知道发生了什么"。这也可能是一个令人毛骨悚然的取证过程，在那里次序就是一切："当X完成时，他就已经死了。"有时，慰藉的"方式"来自通过死者的死亡性质、英雄行为和符合群体价值观的牺牲来肯定死者。编剧诺曼·麦克莱恩（Norman MacLean）在其自传体小说《大河恋》（*A River Runs Through It*）一书中写到，年轻人谋杀了他那无法无天的弟弟。他被不明身份的暴徒殴打致死，尸检显示他手上的小骨头都断了。因此，"像他之前的许多苏格兰部长一样，麦克莱恩的父亲不得不从他儿子死于战斗的信念中获取安慰"。同样，在发现"9·11"事件中在宾夕法尼亚州坠毁的被劫持飞机上的乘客显然进行了英勇的斗争时，许多人都松了一口气。

死要见尸的愿望有时也与我们所认为的死者的精神福祉有关。例如，居住在阿拉斯加的特林吉特人认为得有遗体才能实现转世。在苏丹的努比亚人中，男性死后才行割礼，这是转世的先决条件。顶级的英格兰教会葬礼需要一具可以得到祝福和永久安息的遗体。有些文化不仅需要遗体，而且需要完好无损的遗体。因此，犹太教正统派保留了牙齿、截肢和切除的阑尾以备最终的埋葬。

死要见尸的另一个原因不是为了死者好，而是为了遗体拥有者的精神或其他方面的幸福。人类学家奈吉尔·巴利（Nigel Barley）在关于死亡的跨文化方面的得意之作《坟墓事件》（*Graves Matters*）中指出了这一点，他在书中写道："死者并无其遗体所有权。"围绕遗体而进行的葬礼是分享、肯定、灌输和振兴群体价值观的绝佳机会，而葬礼本身则是一个进行政治活动、转变联盟、诉诸法庭、让哀悼者以虔诚和悲伤获得认可，在他们举行的仪式上大肆炫耀，赢得赞誉的绝佳场所。在许多文化中，丧葬仪式代表着群体的需求战胜了死者的需求（如果有的话）。很少有场合能与国葬相提并论，国葬使得政府有机会发出信号，以免破坏权力和团结。

即使不是为权贵举行的葬礼，也依然存在集体价值。想想我们是如何颂扬死者的。在重压之下得说好话，吹捧、褒扬和夸大其好人好事。有时这个过程可能涉及一些有选择性的记忆过滤或杜撰，如这个人是一个恶棍，或者读悼词的是一个实际上并不认识死者的雇工。在我们现在的社会中，在葬礼的悼词中广受赞誉的良好行为均来自一份精挑细选的列表，主要体现着忠诚，对幼儿和年迈父母的关爱，虔诚，稳健的职业道德，以及对户外宴会的喜爱。如果在某个层面上，葬礼的具体仪式成了针对下一代的教育（你就是这样做的），请记住，当"我"的时代到来时，所颂扬的价值观代表着一种非常有效的从众方式，在很多人的耳边会响起一种超越自我的低语："我想怎样被人记住？"

因此，葬礼上的压力使死者看起来像个圣人。当葬礼是为确实被社会认可的圣人举行的时，要小心。正是在这个领域，巴利的格言"死者并其遗体所有权"可以不再仅仅是隐喻。巴利讲述了 1231 年图林根的伊丽莎白（Elisabeth of Thuringia）去世的故事，她非常虔诚，注定会成为圣人，因此人群很快将她的遗体肢解为圣物。更离奇的是 11 世纪圣罗慕铎（St. Romuald）的故事，他在晚年的时候犯了一个错误，他向人们提起了将从翁布里亚镇搬走的计划，当地人担心其他地方会夺走他身上的圣物，便立即密谋杀害他。

遗体也可以成为解决文化冲突的工具。2001 年，一艘日本小型渔船被一艘美国海军潜艇意外击沉后，美国政府投入了数百万美元来寻找遇难者。作为其中的一部分，一位日本宗教教授就军事公报中有关此次行动的文化上敏感的措辞向官员们提出建议，并按照日本习俗规定了将遗体抬升并放入尸袋的方式和时间。

相比之下，有时遗体可以成为一个社会表达敌视另一个社会价值观的工具。有一个毛利人的故事，讲的是一个人在战斗中受了重伤，乞求战友们赶紧砍下他的头颅，带着它撤退，以免被敌人侵占、皱缩并作为战利品进行展示。据说，刚果民主共和国的统治者蒙博托在统治被推翻的最后几天里，花了大量时间挖掘祖先的遗骸，以免其受到叛军的亵渎。同样，尽管美国在放弃巴拿马运河时没有立即出现敌对威胁，但不仅录像机和微波炉被打包运回美国，而且从美国公墓挖出的遗体也是如此。

而这个认为死要见尸的理由应该有助于解决在关于美洲原住民骨骼的斗争中不断出现的一个问题。X 部落希望博物馆归还他们祖先的遗骨以供安葬。而科学家们则经常反驳道："你们并没有埋葬死者的传统。"这不是重点，美洲原住民争论背后的情感力量是："我们对死者是怎么做的并不重要；但如果你们一边认为埋葬自己同类的遗体很重要，一边又认为把我们的同类的遗骨放在你们的陈列柜里是可以的，这就有问题了。"

因此，在各式各样的人类文化中，可以解释人们想要找到死者的愿望的理由有很多：为了确认他们已经死了，或为了了解他们是怎么死的；为了死者的福祉，或为了生者的福祉、声望和生存力；重申某种社会价值，或阻止敌对的社会对其进行否定。但让我震惊的是，还有一个与我们为何认为死要见尸，为何想要对发生的事情做出完整的解释有关的原因。这与我高中时期的朋友邦妮和米切尔，以及最终接到的电话有关。

来电者名叫艾琳·史密斯（Allyn Smith），在沃特金斯格伦摇滚音乐节举行时年仅 24 岁。在回家的路上，他搭上了一辆大众汽车。后面坐着一对瘦骨嶙峋的年轻夫妇，也是在音乐节搭便车的，史密斯和司机都喝得酩酊大醉。那是炎热的一天，公路附近有一条蜿蜒的大河。他们停了下来，打算在水里凉快一下。当史密斯蹲下来脱鞋，想知道是否可以下水之时，听到一声叫嚷。他转过身，看到女孩落水了。那个男孩，她的同伴，跳进去试图救她。他们挣扎着被急流冲走了。

这是史密斯告诉警方的故事。他们并没有做自我介绍，但他无意中听到两人谈论女孩工作的夏令营，回忆起了她的衣着穿戴细节。同时也并没有其他参加音乐节的人失踪。看起来他们确实是邦妮和米切尔。史密斯现在正在配合警方，试图辨认河道边延伸的这条道路。"我觉得他是可信的。"纽约州警方的调查侦探罗伊·斯特里弗（Roy Streever）说道。

我们中的许多人心中都有一些挥之不去的怀疑：他们放在货车里的背包呢？然而无论如何，事情可能就如他所说。但是，同样重要的是接下来没有发生的事。史密斯身材高大，体格健壮，是一名海军老兵，他并没有试图营救邦妮和米切尔。"我不会跳进去，这是肯定的。"他告诉记者。面包车的神秘司机也没有跳下去救人。他们坐在那里，不知道该怎么办。通常的解释是，他们处于半醒半醉的状况，因此没有打求助电话。最后，他们回到了面包车里，开着车离开了。在分岔路口，史密斯下了车，司机说他会通过一个加油站的匿名电话向警方报告河中的两个孩子的事。警方那边没有接到过这通电话的记录，史密斯也没有打过电话……直到下一个世纪。

所以，也许这终究不是一起谋杀，而只是一场愚蠢的事故，但

27 年来他们都没有说出来。"当我问他为什么要等这么久时，他似乎一点也不在意，"斯特里弗说，"只是耸了耸肩。"邦妮和米切尔的父亲与继父直到去世也不知道发生在他们身上的这些事。

于是，这群人心中的谜团终于被解开了。曾经，我们还是孩子，对自己的永生深信不疑，以至于我们会和陌生人一起搭便车，而现在，恰恰相反，我们会通过在低脂饮食上作弊来炫耀同样的非理性。曾经，我们还没有认识到生活中会有无法控制的悲剧，现在，我们想知道如何才能让我们自己的孩子免受这些经历的影响。曾经，我们因失去了两个朋友而去想象自己犯下了滔天大罪，而现在，我们却得到了一个不清不楚的，关于由冷漠和疏忽造成的惨痛后果的中年教训。

有时，当你找回死者的遗体，或者至少最终弄清了整个故事时，你会学到一些关于生命本质，关于那些一直都知道发生了什么事的人的重要信息。

注释和延伸阅读

1973 年至 1974 年间，《纽约时报》和《纽约邮报》的多篇文章都报道了邦妮和米切尔的失踪。埃里克·格林伯格（Eric Greenberg）在《犹太周刊》（*The Jewish Weekly*）上发表一系列文章（从 2000 年 12 月 15 日开始）报道了他们失踪的假定解决方案，其中包含了史密斯的引述。罗伊·斯特里弗的引述基于多次电话交谈。

关于尼安德特人的墓葬，可参阅：Gargett R, "Grave

shortcomings," *Current Anthropology* 30 (1989): 157. Moss C, *Portraits in the Wild* (Chicago: University of Chicago Press, 1975)。

奈吉尔·巴利在《坟墓事件》一书中介绍了尼亚库萨特林吉特人、努比亚人和英格兰教会的葬礼仪式，以及毛利战士、新加坡的"冥婚"等信息。

韦德·戴维斯（Wade Davis）的《蛇与彩虹》(*The Serpent and the Rainbow*) 一书是以海地僵尸为主题的。这本书由一位哈佛人类学家撰写，报道了关于僵尸化的神经化学方面的原始研究，书的内容有趣且庸俗，足以被改编成一部非常可怕的同名恐怖片，这是每位科技工作者的梦想。

扬·邦德森（Jan Bondeson）在《活埋》(*Buried Alive*) 一书中详细描述了早期的人们对被活埋的恐惧，以及旨在防止这种恐惧而进行的各种文化适应。

库伯勒－罗斯的成果已在其 1969 年出版的经典著作《论死亡和濒临死亡》(*On Death and Dying*) 中得到了概括。

美国国家公共广播电台（2001 年 11 月 8 日）详细介绍了美国海军尊重佛教情感的诸多成就: Wrong M, *In the Footsteps of Mr. Kurtz* (New York: Harper Collins, 2000)。

第 18 章　保持开放的思想

/

　　尽管我尽了最大努力不去理会我的行政助理保罗，但他还是让我心烦意乱。刚从大学毕业的保罗在开始读英国文学系研究生之前工作过几年。他的工作能力没有任何问题，非常出色，问题在于他的音乐品味。他会蜷缩在电脑前，无论 20 岁的孩子们在听什么，他的录音机都会把一些可怕的东西一扫而光。这很好；虽然可以有理有据地证明他的音乐不如我们那一代人所听的，但他有权只听这些垃圾音乐。令人恼火的是，他不只是听了这些。先听音速青年乐队几小时，然后突然改听贝多芬晚期弦乐四重奏，然后是大奥普里。他不停地切换所听的内容：葛利里圣歌、萧士塔高维奇、约翰·柯川；大乐队的热门歌曲或是伊玛·苏玛克（Yma Sumac）；普契尼选曲，俾格米人狩猎曲；菲利普·格拉斯（Phillip Glass），克莱兹默经典之作。他将人生中的第一笔薪水花在有条不紊地探索新型音乐上，他会仔细聆听这些音乐，形成自己的意见，也会讨厌其中某些音乐，但他很享受这个过程。

　　他在各方面都是这样的。他留着胡须和长长的头发，然后有一天在毫无前兆的情况下，剃个精光。他说："我认为尝试这个样子一段时间会很有趣，我想看看它是否会改变人们与我互动的方式。"在休假期间，他会在印度音乐剧电影节度过周末，只是为了获得体验。他仔细研究了梅尔维尔、乔叟和当代匈牙利现实主义者。令人恼火的是他是如此的开放，如此愿意接受新奇事物。

这不仅令人恼火，还令人沮丧，因为这使我开始反思自己的狭隘。我经常听音乐，但我不记得上一次听一位新的作曲家的作品是什么时候了。其实情况甚至更糟。例如，我喜欢马勒的所有作品，但我似乎只是一味循环收听那两首我最喜欢的交响曲。在听雷鬼音乐时也是如此，鲍勃·马利（Bob Marley）的精选集永远值得信赖。如果我要出去就餐，我通常会点平时最喜欢的菜。

这一切是怎么发生的呢？什么时候对我而言，拥有坚实又熟悉的基础变得如此重要？我是如何成为那种购买深夜电视广告上的"最佳"音乐选辑的人的？

对于很多人来说，这将是一个可以进行一些自我反省的时刻，是痛苦地面对真相，让自己成长的手段。作为一名科学家，我决定通过研究这一课题来避免这种情况。穿上我的实验服并在把显微镜置于一旁后，我开始打电话。

我想测试一下，是否有一些明确的成熟时间窗口，在此期间我们形成了自己的文化品位，对新体验持开放态度，甚至为它本身所吸引。特别是，我想确定是否有一个特定的年龄，一旦到这个时候这种开放的窗口就会砰的一声关上。

当一张用尤克里里演奏的瓦格纳精选音乐 CD 在我的办公室外响起时，我想知道我们什么时候才能形成自己的音乐品味，什么时候才能停止对大多数新音乐持开放态度？我和我的研究助理开始给专门研究时代音乐的广播电台，如当代摇滚、70 年代通往天堂的阶梯电台、50 年代的嘟·喔普（Doo-Wop）电台等打电话。在每种情况下，我们都会向电台负责人提出相同的问题：你播放的大部分音乐是什么时候首次出现的？听众的平均年龄是多少？

在向全国各地打了 40 多个电话之后，一个模式显现了：只有很少的 17 岁的年轻人在收听安德鲁斯姐妹的歌，退休社区很少会播放"暴力反抗机器"乐队的歌曲，并且詹姆斯·泰勒（James Taylor）的 60 分钟串烧系列的粉丝们已经开始穿宽松版牛仔裤了。更准确地说，当你将向电台负责人提出的两个问题所生成的数据集放在一起时，你可以得出一个非常可靠的判定标准，即在第一次听到某种有时代感的音乐时，听众的年龄是多大。我们发现，大多数人会在 20 岁或更年轻时第一次听到他们会终身都听的流行音乐。当将这些数据与其变化程度结合在一起时，我们还观察到，如果你已超过 35 岁，当一些新的流行音乐出现时，有超过 95% 的可能性你将永远不会选择听这些东西，你将心门紧闭，拒不接纳。

这些数据让我头晕目眩，我转向了食物的感官领域。人们在什么年龄段最容易接受新食物？长期以来，心理学家一直在研究实验室动物的味觉感知，试图了解它们是如何选择食物、应对食物短缺或避免中毒的。许多野生动物学家也不得不开始考虑这个问题，因为栖息地在退化，一些野生种群正在被迫进入一个新的生态系统。人类学家雪莉·斯特鲁姆（Shirley Strum）研究了肯尼亚的一群野生狒狒，她在当地农民强迫这些狒狒离开家园时观察它们了解新家园中有哪些植物可供食用的过程。实验室和实地研究均表明：动物通常会回避新食物，当它们饿到不得不尝试新食物时，最有探索精神的是新生代，这些新生代最有可能发现新事物，而且在观察到其他动物做出改变时，也最愿意改变自己的行为。

同样的事情在我们身上也适用吗？通过与广播电台领域相同的时间窗口策略，我寻找到了一种食物类型，按照中美洲的标准，这种食物确实很奇怪，而且引入的时间较短。比萨？贝果？不可能，太过普遍了。在中餐馆中，从杂烩粤菜到麻辣川菜的转变？并没有一个明确的过渡点。

我找到的那种食物是寿司。小块生鱼片配上萝卜和切成花朵般的蔬菜，对住在琥珀色谷物波浪旁那帮吃烤肉的人来说，可能有点反感。回到我们的手机旁，我和我的研究助理开始给中西部的各个寿司店打电话，从内布拉斯加州的奥马哈一直到明尼苏达州的伊登普雷里：寿司最早是什么时候引入你们那儿的？你的非亚裔顾客的平均年龄是多少？

斯坦福大学的一位生物学家想要进行调查的消息在其中一些餐厅引起了明显的恐慌。我们还偶然发现了印第安纳州布卢明顿的一场明争暗斗，即两家寿司店中的哪一家先开业。但在大多数情况下，在调查了 50 家餐厅后，我们得到了一个非常清晰的模式。当寿司第一次进驻时，非亚裔中西部寿司顾客的平均年龄为 28 岁或更小，如果当时你已超过 39 岁，那么你永远不会碰这些东西的可能性会超过 95%。另一个窗口也关上了。

我又鼓起勇气对另一个类别进行了研究。我住在旧金山的海特区附近，这是一个让我这个四十多岁的人意识到有多少新奇的窗口在他的脑海中关闭了的社区。多亏了这么近的距离，我才隐约意识到，从我们在高中时期穿着牛仔裤冒犯我们的长辈以来，目前时尚界流行的那些令人愤慨的情况已经发生了一些变化。当然，这是另一个适合这种时间窗口策略的领域。

　　文身不符合这项研究的要求，因为文身一直存在，只是它们的内涵发生了变化。穿耳洞的男士们已经失去了发表声明的能力，迪克·切尼（Dick Cheney）可以戴上耳环而不会使其选区的选民感到困扰，这就是主流。很快我就进入了舌钉、脐钉和生殖器环的世界。逃回办公室，我让我的研究助理独自处理这一次通话，打电话给文身和穿刺店：你们是什么时候开始提供这种身体穿刺服务的？你的顾客的平均年龄是多少？

　　奇怪的是，这一次斯坦福大学的生物学家正在调查这些信息的消息并没有引起任何人的注意，无论是眉毛、穿刺还是其他。显然，经营这些人体穿刺店的人早就见怪不怪了。想想看。在搜集了35个地方的数据之后，我们有了一个非常明晰的答案。当用解构主义来诠释的时尚宣言或其他任何东西出现时，打舌钉的平均居民年龄是18岁或更小。如果你当时超过23岁，那么你有95%的概率会放弃舌钉，而可能只是想弄个像珍妮弗·安妮斯顿（Jennifer Aniston）那样的发型。

　　现在我们有了一些重大的科学发现。至少对于一种特定的时尚新奇事物来说，接受窗口在23岁时就基本关上了；对于流行音乐来说，35岁时关上；对于外来食物类型来说，是39岁。

我很自然地迅速发现，我在上述研究中发现了一个新的方向，这种模式已经得到了广泛的认可。其中一个特点是创作过程中呈现出的典型的年轻化。有些职业是建立在天才般的创造性突破之上的，例如数学。而其他创意性职业表现出了相同但不那么极端的模式。计算作曲家每年完成的旋律数据、诗人的诗歌数据、科学家的新发现数据后，你会发现，平均而言，在某个相对年轻的高峰之后，会有所下降。

　　这些研究还表明，伟大的创造性思维不仅不太可能随着时间的推移产生新的事物，而且对别人的新奇事物也不太开放，这与我在寿司餐厅看到的现象一致。想想爱因斯坦与量子力学进行的那场殊死搏斗。有一位非常有成就的细胞生物学家，名叫阿尔弗雷德·米尔斯基（Alfred Mirsky），他将作为他所在领域的最后一位拒绝接受 DNA 是遗传分子观点的人而被载入史册。正如物理学家马克斯·普朗克（Max Planck）曾经观察到的那样，老一辈科学家从不接受新理论，因为故去得早。在某些情况下，思想的封闭还包括一个年迈的革命者被自己的革命逻辑延伸所排斥的现象。想想美国政治活动家马丁·卢瑟（Martin Luther），他在自己生命的最后几年里，帮助镇压了由他的思想解放效应激发的农民起义。这里出现了一种持续的趋势。随着年龄的增长，我们中的大多数人变得不太可能接受别的新奇事物。如资深科学家猛烈抨击他出格的学生，以及通勤者拨弄着收音机拨号盘听着熟悉的曲调。

　　这是怎么回事？作为一名神经生物学家，我首先试图在脑科学的背景下理解这些发现。科学家们过去认为用大脑衰老的方式就能很容易地解释我检测到的模式。在旧模式中，你是一个青少年，你的大脑会在神经元之间形成新的连接，且一直运转良好。然后在某个时刻，比如你 20 岁生日的那天早上，会发现你开始失去神经元（每个人都知道，我们每天会失去 10 000 个神经元）。正常衰老的一个不可避免的问题是，到 40 岁时，你的神经系统会与盐水虾的神经系统处于一个水平。从这个角度来看，这片包含着死去的神经元的荒原将包括大脑中与寻求新事物有关的部分。

不过这种情况中存在着一些重大问题。一方面，每天有 10 000 个神经元死亡只是一个传说；大脑老化并不涉及大量神经元的丢失。老化的大脑甚至可以产生新的神经元，并且可以在神经元之间形成新的连接。尽管如此，老化的大脑似乎确实在失去神经元之间的连接。这可能与为什么随着年龄的增长，我们更难吸收新信息并以新颖的方式加以应用有关，而我们回忆事实并以习惯的方式加以应用的能力却保持不变。但这并不能解释新鲜感日益下降的原因：我认为很多人之所以坚持吃又好又厚的牛排，并不是因为他们无法理解寿司的生鱼范式。作为神经生物学推测的最后一个问题，大脑中没有新奇中心，更不用说以不同速度老化的时尚、音乐或食物的子区域了。

所以，神经生物学在这方面没有多大帮助。因此，我转向了心理学。心理学家迪安·基思·西蒙顿（Dean Keith Simonton）的一项重要发现表明，伟大思想的创造性输出和对他人新奇事物的开放态度有一个转折点，衰退不能单纯按年龄来进行推定，而应由他在某个学科中工作的年限来推定。跨专业学者们似乎恢复了他们的开放性。这并非时间尺度上的年龄，而是"惩戒"年龄。

这可能涉及一些不同的事情。也许一位学者改变了研究领域，但他用的还是作为粒子物理学家时的老生常谈的方式思考，不过他现在已经成了一名现代舞者，这算得上是个新鲜事。这就不太有趣了。也许改变学科确实会刺激大脑重新获得一些年轻时对新鲜事物的开放态度。神经科学家玛丽恩·戴蒙德（Marion Diamond）指出，触发成年神经元形成新连接的最可靠的方法之一是将生物体置于刺激环境中。这可能与此有关。

另一种解释在西蒙顿最近的研究中得到了支持：对于某一领域的老年人来说，新奇事物方面的真正杀手是忍受可怕的生存状态。这一发现真是卓尔不凡。从定义上讲，一个领域的新发现基本上会颠覆知识精英根深蒂固的观念。因此，这些幕后操纵者之所以会极力反对，是因为一个真正新颖的发现很可能会把他们及其伙伴从教科书中踢出去，新鲜事给他们带来的损失最大。

与此同时，心理学家朱迪斯·里奇·哈里斯（Judith Rich Harris）在人类会高估自己所属的群体并将外部群体妖魔化的背景下思考了这个问题。内部群体通常是按年龄来定义的，例如具有年龄设定的武士班的传统文化，或西方那种按年龄段对孩子进行教育的模式。因此，当你 15 岁时，你和你的同龄人的一个主要愿望是清楚地表明，你与之前的任何年龄段都没有相似之处，因为你抓住了你这一代人炮制的所有文化愤怒。25 年后，同样的代际认同让你执着于此："我为什么要听这种新的垃圾音乐？当我们在伍德斯托克音乐节疯狂时，我们的音乐已经足够好了。"人们可以为了群体差异而献出自己的生命，自然也愿意为了群体差异而听糟糕的音乐。

西蒙顿的工作开始解释，对于晚上去阿诺尔德·勋伯格（Arnold

Schoenberg）那里跳华尔兹这样一个新颖的想法，为什么约翰·施特劳斯（Johann Strauss）会反对，会不认为这是一件很愉快的事情。哈里斯的想法可能有助于解释为什么为施特劳斯跳成人华尔兹的那一代人可能也不喜欢勋伯格。但作为一名生物学家，我一直在追问这样一个事实，即我们人类在这种模式中并不孤单，无论是身份显赫的人还是同龄人认同的想法都不能告诉我们，为什么年老的动物都不愿意尝试新食物。

在一片沉思中，我突然想到，也许我问错了问题。也许问题不应该是为什么随着年龄的增长，我们倾向于对新鲜事物不屑一顾。或许问题应该是为什么随着年龄的增长，我们渴望熟悉感。这在特雷西·基德尔（Tracy Kidder）的书《老朋友》（*Old Friends*）中得到了很好的体现。在这本书中，一位疗养院的住户对他健忘的室友的评价是："只听过两次，卢似乎留不下什么记忆。听过很多次，卢就和他们成了老朋友。"在童年的某个阶段，孩子们会为重复而发狂，并在意识到自己掌握了某种规则时表现得很开心。也许在生命的另一端，乐趣就是意识到规则仍然存在，就像我们一样。如果衰老使我们的认知变得更具重复性，那么只要我们对这种重复性感到放心，这就会是一种人道主义的演化怪癖。在伊戈尔·斯特拉汶斯基（Igor Stravinsky）奄奄一息时，他不断地用戒指敲击病床的金属栏杆，每次都让妻子心惊胆战。最后，她有点恼火，问他为什么要那样做，因为他知道她还在那里。"但我想确保我仍然活着。"他回答道。也许只有一再敲击栏杆，他才能真切地向自己证明他还活着。

现在所有科学家都应该说："显然，还需要对这个主题进行更多的研究。"但我们对新鲜事物的亲近真的重要吗？弄清楚如何让我们最具创造力的思想家保持更长的创作时间，会是一件好事。但是，我们缺乏用戴着舌钉的舌头生吃鳗鱼的 80 岁的老人，这是一个重大的社会问题吗？我一直听巴布·马利（Bob Marley）的录音就是犯罪吗？对于社会群体来说，让老年人成为过去的保护性档案管理员，而非要求他们推陈纳新，可能也有一定的益处。进化生物学家贾雷德·戴蒙德认为，克罗马农人之所以成功，部分原因在于他们比尼安德特人的寿命长约 50%。当一些罕见的生态灾难来袭时，克罗马农人有 50% 的机会让某个族人可以活到足以记住上次发生这种情况的时间，以及他们当时是如何摆脱困境的。也许在我年老时，当蝗虫肆虐摧毁了我所在大学的食品店时，我能用学生会所在位置后面哪些野生植物可以安全食用的记忆来拯救年轻人（附上关于雷鬼音乐与以前不同的一面）。

但是，如若我暂时不再是科学家，而去真正反思其中的一些内容，我会觉得有点令人沮丧。范围的缩小会带来贫瘠，使人不再对新鲜事感兴趣，只喜欢一成不变。多么令人震惊的发现，到 40 岁时，你已经被浸入青铜器并放置在壁炉架上，已经有了像老歌广播电台这样的社会机构，它们的存在本身就证实了一个事实，即你不再处于文化的中心。如果外面有一个丰富的、充满活力的新世界，那就不应该只是 20 岁的孩子为了探索而探索的世界。无论是什么让我们远离新奇感，我想也许值得一试，即使这意味着偶尔放弃巴布·马利。但这种缩小还有另一个最终甚至更重要的后果。当我看到我最优秀的学生因某事而激动不已时，当我看到他们准备去地球的另一端为刚果的麻风病人服务，或去教授另一个区的孩子如何阅读时，我记得，曾经这样做要容易得多。开放的思想是心胸开阔的先决条件。

老年学家罗伯特·麦克雷（Robert McCrae）的作品更全面地记录了来自世界各地的具有不同文化背景的人（无论是富有创造力的人还是普通人）是如何随着年龄的增长而越发守旧的。他还指出，在我们成为老年人之前很长一段时间里，这种现象就发生了：McCrae R, "Openness to experience as a basic dimension of personality," *Imagination, Cognition and Personality* 13 (1993): 39。

西蒙顿关于卓越的发现可以在下面引用的书和文章中找到。Simonton D, *Genius, Creativity, and Leadership: Historiometric Inquiries* (Cambridge, MA: Harvard Univ Press, 1984); Diamond MC, "Enrichment, response of the brain," *Encyclopedia of Neuroscience*, 3rd ed. (Amsterdam: Elsevier Science, 2001); Gould E and Gross C, "Neurogenesis in adult mammals: Some progress and problems," *Journal of Neuroscience* 22 (2002): 619。

哈里斯的研究可参阅：Harris JR, *The Nurture Assumption* (New York: The Free Press, 1998)。

其他研究，可参阅：Kidder T, *Old Friends* (New York: Houghton Mifflin, 1993). Craft R, *Stravinsky: The Chronicle of a Friendship*, 1948—1971 (New York: Knopf, 1972); Diamond J, *The Third Chimpanzee* (New York: Harper Collins, 1992)。

在本章中，我一直在讨论的是平均而言，随着年龄的增长，人们往往趋向于守旧。当然，也有特例。科学史学家弗兰克·萨洛韦（Frank Sulloway）做了一些有趣的工作，研究了一些特例。似乎增加了对知识革命保持开放的可能性的一些因素包括：不是第一胎；与父母（尤其是父亲，他所研究的绝大多数是男性科学家）的关系有争议；在有进步思想的家庭中长大；年轻时对外国文化广泛涉猎。萨洛韦在他极具煽动性的书《生而叛逆》（*Born to Rebel*）中对这些想法进行了总结。

发表这篇文章最大的好处是能第一时间了解这种老化模式的特例。我收到各种各样的八十多岁老人的来信，他们有的是在上悬挂式滑翔运动课前花 1 分钟的时间给我发的电子邮件，告诉我他们肯定不符合我写的模式。太好了！

至于我自己的文化守旧？在这项研究的推动下，并在我的助手保罗的建议下，我开始听他那一代人的音乐。太棒了！我喜欢它，现在一直在听。但我注意到，仅仅通过这一行为，我就破坏了这些音乐在我的实验室学生中所具有的时尚标志，他们现在听着这些音乐也不会觉得尴尬了。因此，为了不破坏他们的职业生涯，艺术家的名字就隐去了吧。

致 谢

本书中的文章均已发表，只略有改动，且在文末处悉数增添了"注释和延伸阅读"等内容。

在此过程中，我得以与业内的一些最优秀的编辑合作。因而，我得感谢伯克哈特·比尔格（Burkhard Bilger）、彼得·布朗（Peter Brown）、艾伦·伯迪克（Alan Burdich）、杰夫·萨塔利（Jeff Csatari）、亨利·芬德（Henry Finder）、戴维·格罗根（David Grogan）、玛格丽特·霍洛韦（Marguerite Holloway）、埃米莉·拉伯（Emily Laber）、维托里奥·马埃斯特罗（Vittorio Maestro）、彼得·穆尔（Peter Moore）、约翰·伦尼（John Rennie）、里基·拉斯廷（Rickie Rusting）、波莉·舒尔曼（Polly Schulman）和加里·斯蒂克斯（Gary Stix），感谢他们与我这个在大学里就对英语课毫无兴趣的人打交道时所表现出的耐心和技巧。在将一篇篇的文章编辑成书的过程中，有幸在斯克里布纳（出版公司）与科林·哈里森（Colin Harrison）和萨拉·奈特（Sarah Knight）合作，正是在他们的帮助下，才使得这些零散的文章俨然已成为一体。当然，我还要感谢我的经纪人卡廷卡·马特森（Katinka Matson），这是我们合作的第三本书，她一直都是值得赞赏的后援和出色的作品鉴赏家。

本书的资料整理是在凯利·帕克（Kelly Parker）和莉萨·佩雷拉（Lisa Pereira）的协助下完成的；而正是有了霍格兰奖等的资助，我才有机会对这些话题进行深思，并提出自己的观点。

未来，属于终身学习者

我这辈子遇到的聪明人（来自各行各业的聪明人）没有不每天阅读的——没有，一个都没有。巴菲特读书之多，我读书之多，可能会让你感到吃惊。孩子们都笑话我。他们觉得我是一本长了两条腿的书。

——查理·芒格

互联网改变了信息连接的方式；指数型技术在迅速颠覆着现有的商业世界；人工智能已经开始抢占人类的工作岗位……

未来，到底需要什么样的人才？

改变命运唯一的策略是你要变成终身学习者。未来世界将不再需要单一的技能型人才，而是需要具备完善的知识结构、极强逻辑思考力和高感知力的复合型人才。优秀的人往往通过阅读建立足够强大的抽象思维能力，获得异于众人的思考和整合能力。未来，将属于终身学习者！而阅读必定和终身学习形影不离。

很多人读书，追求的是干货，寻求的是立刻行之有效的解决方案。其实这是一种留在舒适区的阅读方法。在这个充满不确定性的年代，答案不会简单地出现在书里，因为生活根本就没有标准确切的答案，你也不能期望过去的经验能解决未来的问题。

而真正的阅读，应该在书中与智者同行思考，借他们的视角看到世界的多元性，提出比答案更重要的好问题，在不确定的时代中领先起跑。

湛庐阅读App：与最聪明的人共同进化

有人常常把成本支出的焦点放在书价上，把读完一本书当作阅读的终结。其实不然。

时间是读者付出的最大阅读成本

怎么读是读者面临的最大阅读障碍

"读书破万卷"不仅仅在"万"，更重要的是在"破"！

现在，我们构建了全新的"湛庐阅读"App。它将成为你"破万卷"的新居所。在这里：

● 不用考虑读什么，你可以便捷找到纸书、电子书、有声书和各种声音产品；

● 你可以学会怎么读，你将发现集泛读、通读、精读于一体的阅读解决方案；

● 你会与作者、译者、专家、推荐人和阅读教练相遇，他们是优质思想的发源地；

● 你会与优秀的读者和终身学习者为伍，他们对阅读和学习有着持久的热情和源源不绝的内驱力。

下载湛庐阅读App，
坚持亲自阅读，
有声书、电子书、阅读服务，
一站获得。

CHEERS

本书阅读资料包
给你便捷、高效、全面的阅读体验

本书参考资料

☑ **参考文献**
为了环保、节约纸张，部分图书的参考文献以电子版方式提供

☑ **主题书单**
编辑精心推荐的延伸阅读书单，助你开启主题式阅读

☑ **图片资料**
提供部分图片的高清彩色原版大图，方便保存和分享

相关阅读服务

☑ **电子书**
便捷、高效，方便检索，易于携带，随时更新

☑ **有声书**
保护视力，随时随地，有温度、有情感地听本书

☑ **精读班**
2~4周，最懂这本书的人带你读完、读懂、读透这本好书

☑ **课　程**
课程权威专家给你开书单，带你快速浏览一个领域的知识概貌

☑ **讲　书**
30分钟，大咖给你讲本书，让你挑书不费劲

湛庐编辑为你独家呈现
助你更好获得书里和书外的思想和智慧，请扫码查收！

（阅读资料包的内容因书而异，最终以湛庐阅读App页面为准）

图书在版编目（CIP）数据

动物本能 /（美）罗伯特·萨波斯基
（Robert M. Sapolsky）著；尹烨，夏志译 . -- 杭州：
浙江教育出版社，2023.2
　ISBN 978-7-5722-5332-4

Ⅰ.①动… Ⅱ.①罗… ②尹… ③夏… Ⅲ.①本能－
通俗读物 Ⅳ.① Q958.1-49

中国国家版本馆 CIP 数据核字（2023）第 015618 号

上架指导：生物学 / 社会科学

浙江省版权局
著作权合同登记号
图字:11-2022-254号

动物本能
DONGWU BENNENG
[美] 罗伯特·萨波斯基　著
尹　烨　夏　志　译

责任编辑：刘姗姗

文字编辑：陈　煜

美术编辑：韩　波

责任校对：胡凯莉

责任印务：陈　沁

封面设计：ablackcover.com

出版发行：浙江教育出版社（杭州市天目山路40号　电话：0571-85170300-80928）

印　　刷：唐山富达印务有限公司

开　　本：880mm ×1230mm 1/32

印　　张：7.5　　　　　　　　　　　　**字　　数：**187千字

版　　次：2023 年 2 月第 1 版　　　　　**印　　次：**2023 年 2 月第 1 次印刷

书　　号：ISBN 978-7-5722-5332-4　　　**定　　价：**79.90 元

如发现印装质量问题，影响阅读，请致电 010-56676359 联系调换。